做對
格局、採光、通風、隔熱、調濕5件事，
預防過敏&阻隔病毒過舒適生活

住進排毒健康的自然好宅！

新常態生活120＋家的設計關鍵，
打造最安心的庇護所。

漂亮家居編輯部 著

Contents
目錄

Point 2 增加採光，帶來通透明亮

Point 3 破除不當格局，光線和風都湧進

Point 4 解決悶熱漏水，提升居住舒適度

Chapter

1

設計排毒健康自然好宅前，你必須知道的觀念

Point1 設計排毒健康自然好宅常見的10大NG

Point2 設計前一定要思考的15個觀念

Point 01

設計排毒健康自然好宅常見的10大NG

每到夏季雷陣雨，總是漏水漏不停、房間發生壁癌？格局不對，陽光照不進來？是不是總是有些房屋的小問題困擾著你？房屋先天體質不良，就必須依靠後天改造修正。以下將從格局、隔熱、防潮、隔音等方面，列出各種需要改善的不當體質，告訴你如何有效解決，入住自然健康的家。

NG 001 廚房有對外窗，但油煙還是充滿整間屋子！

每次煮飯都有開廚房對外窗和抽油煙機，但油煙還是排不出去，整間屋子都能夠聞到油煙味，好不舒服！

Ans

可能為正負壓流向問題，廚房對外窗關閉，開啟抽風機。

空氣的流動是經由正壓流向負壓，若是廚房誤設在正壓處，且開放格局或抽油煙機吸力不足，油煙則會流向室內，就有可能讓整間房子都充滿油煙味，因此可嘗試將廚房對外窗緊閉，打開抽油煙機，將窗戶緊閉的原因在於避免抽油煙機只吸到外來空氣，反而吸不到油煙。若預算允許，建議可將廚房移位，確認風向流動，避免油煙往室內移動。

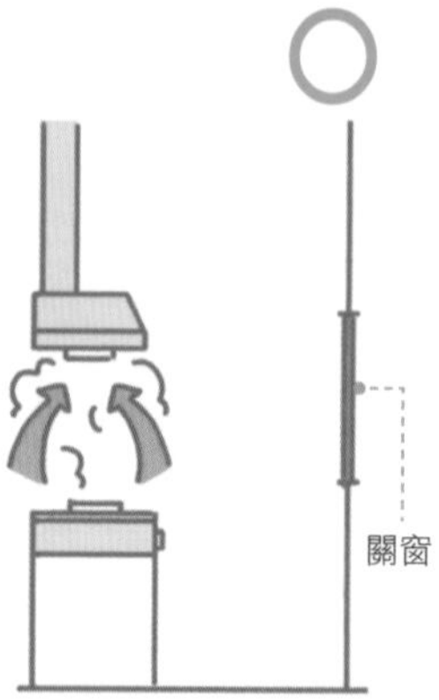

NG 002

家裡多隔一房，雖然好使用，但是房間變得不通風，當初設計是哪裡出了問題？

由於家庭成員變多，將原本的兩房格局增為三房，但是新增的一房卻顯得悶熱不通風，當初的設計是出了什麼問題？

Ans

格局配置應與風向成平行，或是在垂直面以拉門做調整。

在設計格局前，應先於現場測量風的流向，再考慮格局的規劃。一般來說，格局開口建議在風通過的道路上；若有使用上的考量，與風向垂直的一側則以開窗或拉門讓氣流通過。另外，在風道上，除了不以隔間阻擋之外，也不要堆積多餘物品，以免阻礙風的行進。

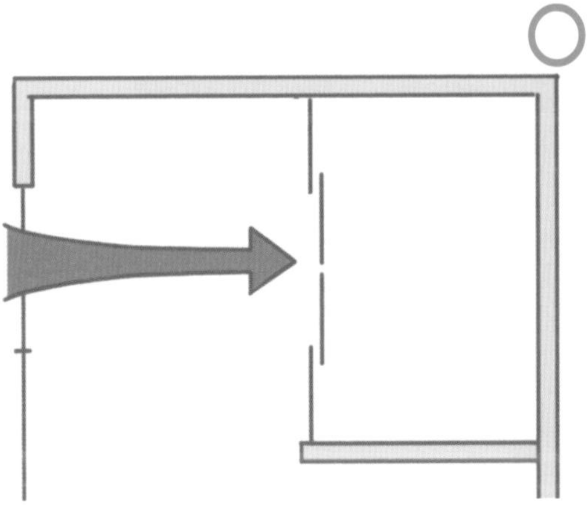

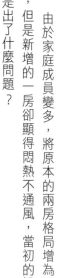

NG 003

屋頂表面塗了隔熱漆，但沒過兩年就失效，難道沒有一勞永逸的隔熱方法嗎？

住在頂樓，每到夏季都熱得受不了，決定在屋頂塗上隔熱漆試試，起初有效，但時日一久，又必須再花錢重漆，想要降溫真的得靠冷氣嗎？

Ans

頂樓合法加蓋雙層屋頂或是利用植栽遮蓋，減少讓陽光直射屋頂。

在原有屋頂上再架設第二層屋頂或是在頂樓增加植栽遮蔽，可以避開日光的直接曝曬。再者，透過植栽或雙層屋頂的間距，能形成空氣層，減緩熱能傳遞至建築物上。但要注意的是，雙層屋頂不是每棟建築物都可增設，屋齡需達20年以上，經專家檢測確有漏水問題才能申請施作，且雙層高度需在法定的150公分以下才行。

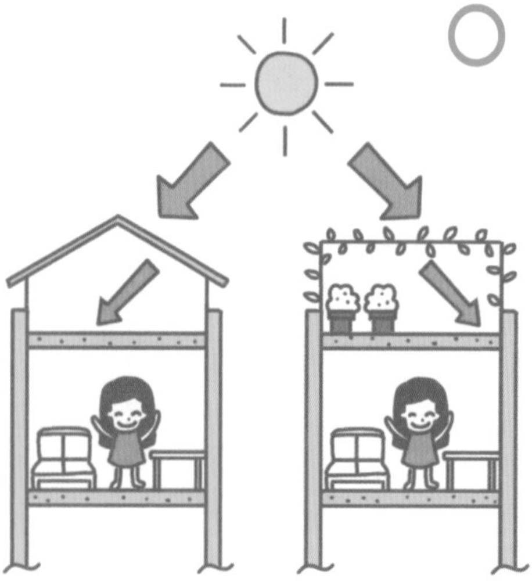

NG 004 夏日連續高溫不斷，西曬處越來越熱，加了窗簾遮擋，卻讓室內陰暗更悶熱？

客廳位於西曬處，又有一大片的落地窗，想用窗簾隔熱，但室內光線也變得陰暗，該怎麼處理比較好？

Ans 善用Low-E玻璃或隔熱窗框，有效阻絕熱能。

在大面積的日照下，若要阻絕熱能進入，必須先從材質下手，選擇有效隔熱的窗戶建材，像是Low-E玻璃，俗稱節能玻璃，內部具有可阻絕紫外線和紅外線的薄膜，同時玻璃層內有惰性氣體，避免熱能傳遞，隔熱率約有7成左右，窗框也可選擇導熱低的鋁料。另外，選用可上下分段調節的蜂巢簾或百葉簾，可部分透光的設計，滿足想要隔熱又需有日照的需求。

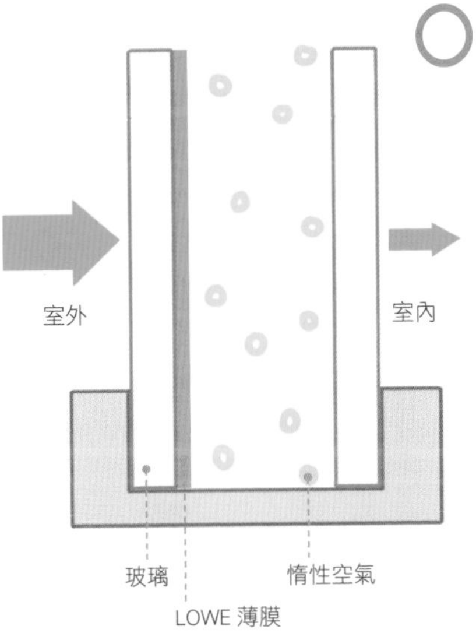

NG 005

地下室常有潮濕霉臭，加了除濕機也沒效，要怎麼改善比較好？

地下室因為濕氣重、常有霉味，導致家人都不想待在地下室，多餘的空間都無法利用，裝了抽風扇和除濕機加強都沒用，該怎麼辦才好？

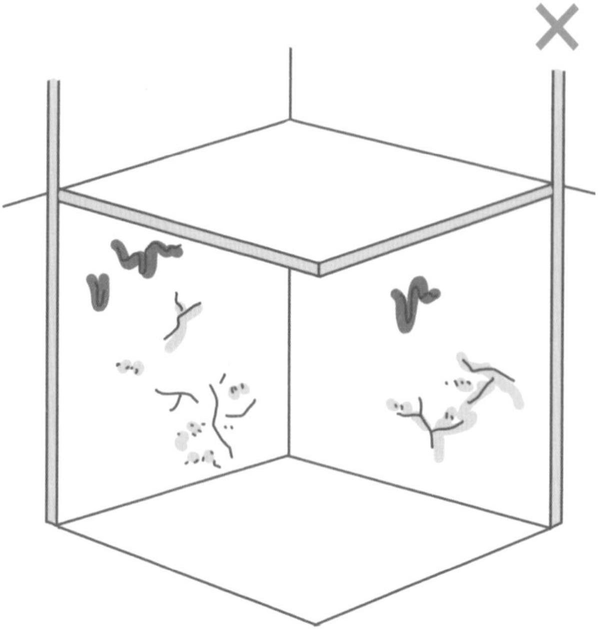

Ans

加開天井，做到引入自然對流和日照。

位於建築物底層的地下室因為陽光無法照入，對外窗少甚至沒有裝設的情形下，就容易有水氣窒礙的問題，祛除潮濕霉臭最好的方式就是增開天井，引入日照和對流帶走濕氣，同時也可以利用機械通風像是排風扇，加強空氣流通，自然能形成乾燥無霉味的健康環境。

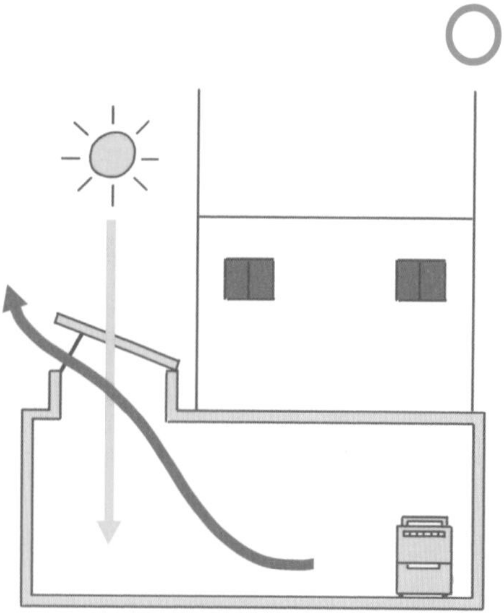

NG 006

浴室加裝抽風扇還是顯得濕氣重，有什麼方法可以解決？

完全無窗的浴室濕氣難排除，每當用完一陣子，地板和牆壁都還是濕濕的，甚至造成發霉，即便加裝抽風扇也沒用，該怎麼解決才好？

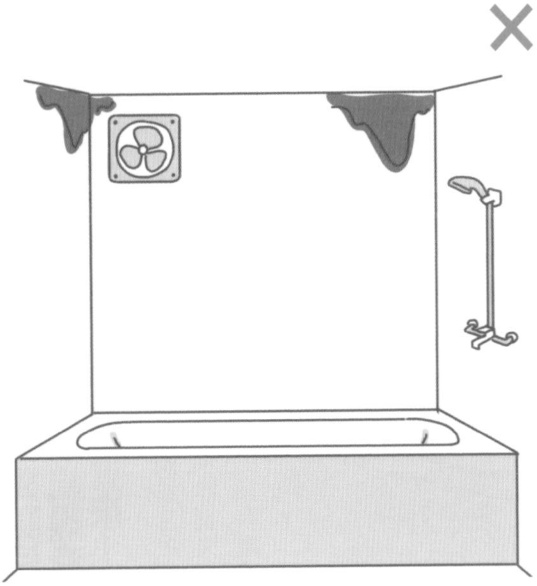

Ans

更改衛浴格局換到有窗的空間，並改成乾濕分離。

無窗的衛浴空間缺少日照和對流就容易濕氣重，因此若要有乾爽的環境，在預算和空間條件許可下，將衛浴設在有對外窗的地方或西曬處，保持空間的通風，充分的日照能快速祛除水氣。若無法變動格局，則改成乾濕分離的設計，有效控制濕區範圍，再以暖風機加強乾燥。

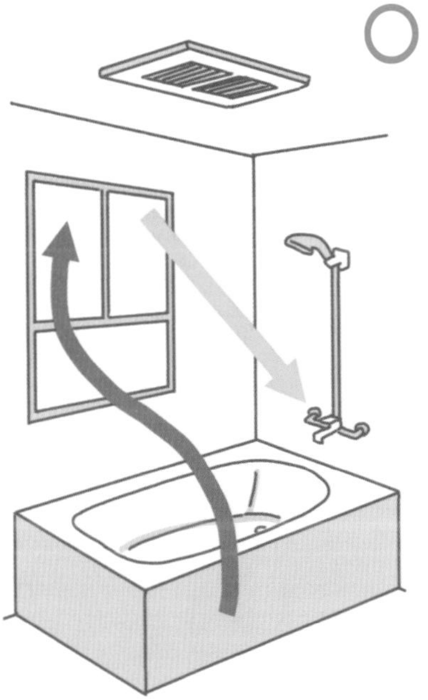

NG 007 老式冷氣的排水管是從窗戶鑽洞出去，不僅無法隔絕噪音，雨水也容易沿水管滲進來！

家中老冷氣的排水管是從窗戶挖洞排出去的，雖然有用膠帶密封，但仍無法防止雨水滲進來，牆壁都形成水漬，同時也無法隔絕噪音，常有風聲吹進來，該怎麼處理比較好？

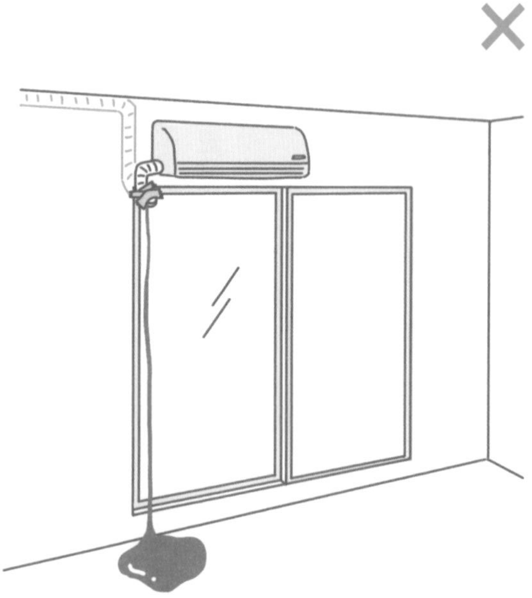

Ans 更改冷氣排水管位置，改在壁面開洞。

老式冷氣常面臨到利用窗戶開孔留出排水管，或是冷氣尺寸較小，往往都需要另用材料填補縫隙，雨水滲漏和噪音問題就容易發生。因此，建議安裝冷氣時，改在壁面洗洞，能有效避免風聲進入，同時冷氣排水管以U字型排列，雨水才不容易沿水管滲漏進來。

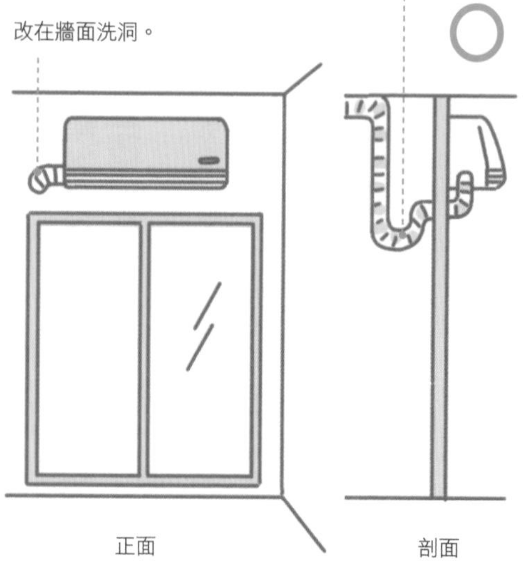
水管拉U字型，雨水直接落下不入室內。
改在牆面洗洞。
正面
剖面

NG 008 客廳位置不佳，又有隔間遮住，導致中央無光，白天就要開燈！

客廳位於空間中央，靠窗處則是配置衛浴和廚房，都有隔間圍擋，陽光都照不進來，即便是白天都要開燈才行，要怎麼解決比較好？

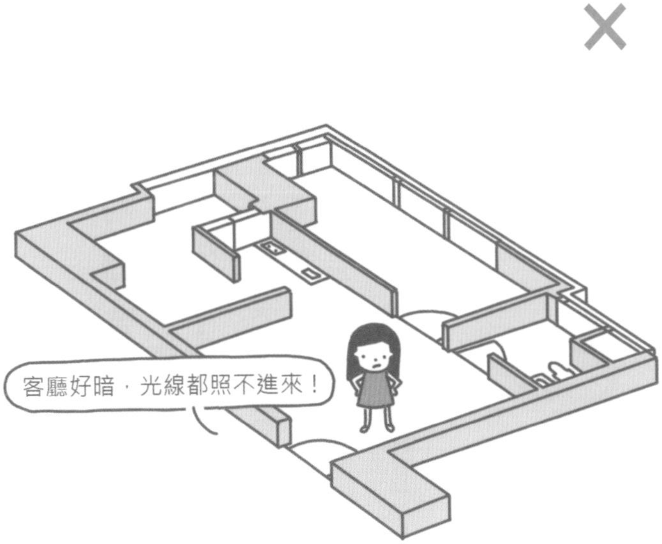
客廳好暗，光線都照不進來！

Ans 位移客廳，將隔牆拆除或改以玻璃區隔。

一般來說，公共區域所停留的時間較長，在空間環境和成本的許可下，建議可將客廳位移至有陽光照射的區域，營造明亮舒適的環境。若是位移的成本太大，則建議適當將隔牆拆除或改用玻璃隔間，選擇開放的格局設計讓日光進入。

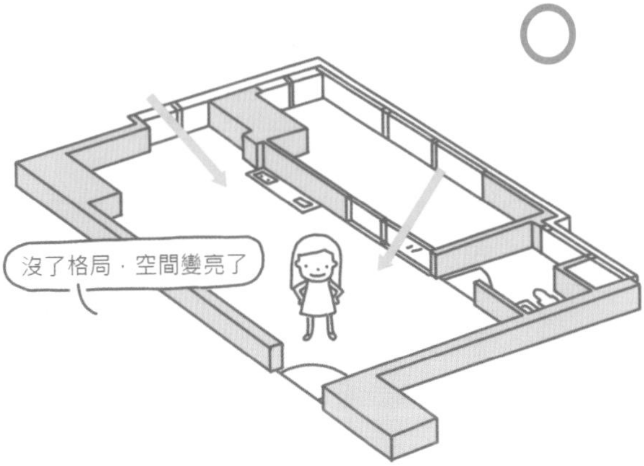
沒了格局，空間變亮了

NG 009

頂樓明明就有做排水孔，每當下完雨的隔天還是會有積水，為什麼水排不出去？

頂樓排水孔都有注意不會堆積落葉或沙塵，但每次下雨都能發現一灘灘的積水，水流排不出去，久了下方天花板就容易長壁癌，這該怎麼根治？

Ans

重新鋪頂樓地板，並調整洩水坡度。

頂樓落水頭一般都會設置在角落，若是發現積水區域多半在中央時，則有可能是因為地心引力關係，使得樓板中央略微沉陷，建議需重新鋪設頂樓地板，調整洩水坡度，讓水能順利排出。同時有發生壁癌的天花板則需拆除至結構層重新施作。

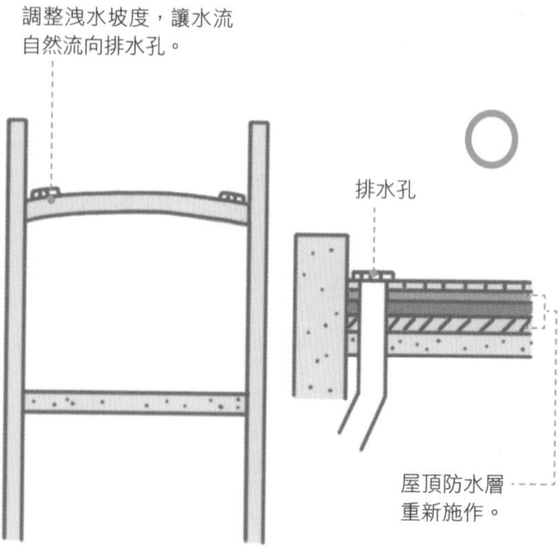
調整洩水坡度，讓水流自然流向排水孔。
排水孔
屋頂防水層重新施作。

NG 010

窗戶改用隔音玻璃還是覺得吵，是哪裡出了問題？

聽鄰居說窗戶不用全換，若想要防噪，改用隔音玻璃就好了，還是覺得一樣吵，白花錢了！一定要全換才行嗎？

Ans

從窗框到玻璃，全面做阻隔才有效果。

聲音的傳播是靠空氣、物體等介面，若只是將一般的普通玻璃換成隔音玻璃，聲音還是會透過窗框與窗戶之間的縫隙進入，而氣密窗的原理就在於窗框四周以塑膠墊片和氣密壓條，使得窗扇之間能緊密無縫，藉此形成良好的氣密性，有效阻絕音源進入。因此若想做好完善的隔音，建議換成氣密窗的效果較佳。

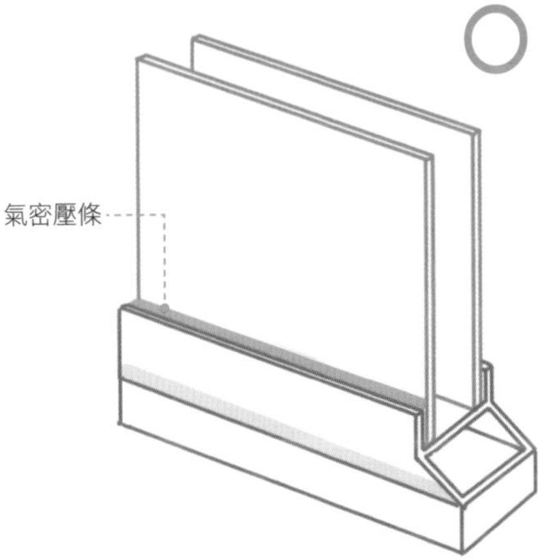

氣密窗運用窗框和氣密壓條封住窗扇四周，保有良好氣密，氣密壓條減少噪音進入。

Point 02

設計前一定要思考的 15 個觀念

調整房屋體質的同時，必須思考你想帶給家中什麼樣的環境？想要有良好的採光和順暢通風，就必須與格局配置相互搭配，既不能遮擋陽光和氣流，又必須保有隱私；想要有均衡的室溫和濕度，除了需有日照和對流，也需有設備的輔助。此章將從日照、通風、除濕等方面，介紹各種入住自然宅的設計概念。

觀念1 良好的開窗計畫

室內環境品質包含光、聲音、氣體、熱、電磁波，其中光與熱的部分可透過開窗設計獲得改善，有效開窗能將自然光引入，採光充足就能減少人工照明的使用。一般來說，在面南側開大窗較佳，太陽直射室內，光源量大，但若害怕太熱在南側加上深遮簷阻擋陽光大量進入室內。東西兩側雖也可開大窗，但要注意東曬或西曬造成室內過熱，因此可在外牆利用格柵隔熱。而北向進入的光源多為間接光，光量少，但是較為柔和且穩定的光線，可適時開窗作為輔助的自然光源。

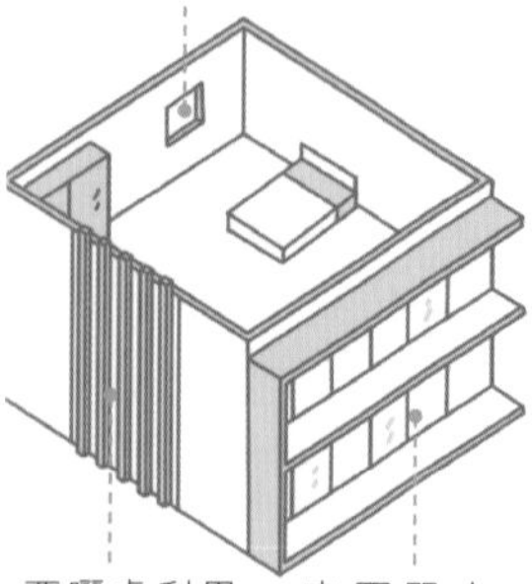
北向多為間接光，光線穩定而柔和。
西曬處利用格柵為牆面隔熱。
南面開大窗，利用深遮簷遮光。

觀念2 考量採光面配置格局

隔間位置不對，就容易遮住光線導致室內陰暗無採光。因此配置隔間時，需考量光線進入方向，採順光設計，讓全室能有自然採光。若有隔間需求，面向光線的隔間可透過材質或高度調整，像是運用半高矮牆、玻璃隔間都能有效引光，同時也達到區分空間的目的。

觀念3 隔熱＋散熱雙管其下

想讓室內降溫，單單做到隔熱或散熱是不夠的，一定要同時並行才能有效降溫。在牆面運用隔熱材質減少白天日照的熱能進入；透過適宜開窗計畫能讓室內產生對流，因此在夜晚時可利用涼爽的夜風加速帶走室內熱氣，能夠有效地讓室內降溫。

觀念4 確認風的行進路線

一個空間想讓風進來，室內一定要有兩個開口，有進有入才能形成氣流。而在住家四周，除了夏冬的季節盛行風外，也會有遇到建築物而轉向的環境風。因此若想檢視自家格局是否通風，攤開家裡的平面圖，標上季節盛行風和環境風的進風位置，接著在空間中找出風的出口方向，就能建立風的行進路線，順應風場的路線配置格局，可改善自家的通風問題。

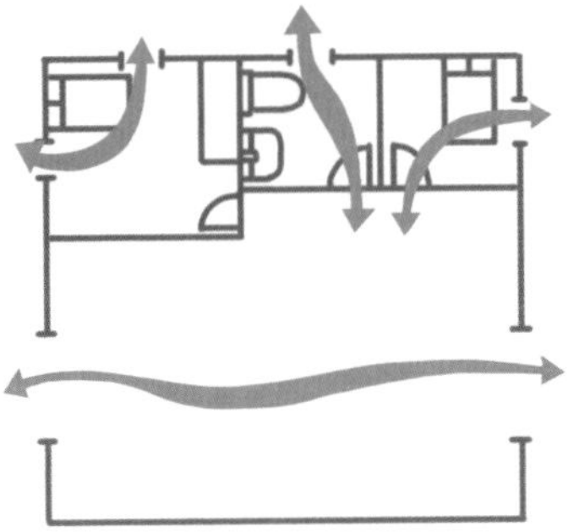

觀念5 障礙物會阻擋對流

風向遇到牆面雖然會轉彎，但若障礙物太多會消散氣流的能量，因此若是在風的行進路線上堆積太多物品，氣流會因而受阻，容易造成通風不順暢的問題。

觀念6 隔音和吸音不同，想要做好隔音對策就要先搞清楚

隔音，是利用隔音材質將噪音源與接受者分開，意指是隔絕外界的音源進入。而吸音，是聲波入射到吸音材上，聲能被吸收，減弱聲能的反射，讓聲音傳不出去外界。因此，若想讓鄰房的聲音進不來，隔音措施就要做得好；若家裡想裝KTV室，不想讓聲音傳出去，吸音的防護必須完善，降低傳出聲音的可能。

觀念7 思考家人的生活習慣

規劃格局前，先思考你和家人的生活習慣。喜歡安靜工作的人，書房的位置就可能需要遠離馬路邊；重視隱私或淺眠的人，降低噪音和光害的問題就相當重要；有過敏的小孩，在材質選用上就必須要以無毒的健康建材為主，不同的生活習慣將取決你的居家該如何設計。建議將需求和必須解決的問題依重要性排序，以便設計最適宜的居家環境。

觀念8 依各地微氣候，做好適當的防潮除濕處理

台灣各地會有各自的微氣候，像是在宜蘭、新竹、苗栗等地，在4、5月乍暖還寒的的季節最容易發生反潮現象；而像是在山區或海邊也會有濕度太高的問題。因此在規劃前，可選用防潮耐濕的材質；以及利用建築座向或開窗方向擋住豐沛水氣，避免事後補救的麻煩。

觀念9 留住陽台作為緩衝空間

在綠意越來越少的都市，留住陽台除了能作為室內與戶外的緩衝空間，藉此讓室內外形成連結，營造親近自然的氛圍；同時也能遮擋多餘的光線和引入通風氣流，提高生活舒適度。

觀念10 減法格局，為室內帶來充足光和風

開闊的空間除了能讓人感到心情舒適，也能降低陽光和氣流被阻隔的可能，因此在條件允許之下，建議可減少多餘隔間。這樣的減法設計不但能解決採光不佳、通風不順的問題，還能使空間感變得更大更開闊。若無法減少隔間數量，採用具通透性的隔間材質也能達到同樣的效果。

觀念11 坪數與隔間配置要合理，留出適當的餘裕空間

一般30坪左右的房子，配置三房兩廳是比較標準的格局，每個空間的坪數和比例也較合理。若是30坪以下的三房，只能算是機能性的三房，若不足26坪，就需要減少一房與其他空間合併。若硬是做成三房，容易造成房間坪數過小，機能性不足的情況。應適時的留出餘白空間，為生活多點寬闊的尺度。

觀念12 要採光，不要光害

白天活動的時後，若能有足夠的採光固然很

好。若遇到主臥正好位於日出方向，四、五點就會開始感到刺眼，就不一定舒服了；有時是書房、客房的窗外就是鄰居的招牌、霓虹燈，或者室外的路燈都會影響到居家內的休憩品質。建議可依照窗戶大小及預算，選用適當的遮光捲簾，適時隔絕干擾光線，以維護生活品質。

觀念13 遠離有毒物質和過敏原

一般在裝修完工後，通常會有一股難聞的刺鼻味久久消散不去，這是因為在裝潢過程用了合板，其中所使用的黏著劑就會產生所謂的甲醛。甲醛會對人體健康造成危害，且這些板材都是密封在天花、牆面難以散逸，持續危害的時間可能以年來計算。因此，想要讓居家有更好更健康的生活環境，就要選擇低VOC（揮發性物質）的無毒健康板材、室內的甲醛濃度需低於0.05ppm，才能享有優質的空氣品質。

觀念14 綠色裝修，回歸純粹的空間

從開始設計到完成裝修，都是能源的消耗。因此可在做室內裝潢時加入一次性的裝修概念，落實儉樸的裝修計畫，一來可不過度使用建築材料；二來讓空間素材回歸純粹化，簡單不繁複的設計，對居住者的身心靈來說做到了一種環保，像是減少過多間接照明，或是捨去不必要的裝飾，都能達到綠色裝修的概念。

觀念15 在空間每一面向創造綠意

若住家外圍沒有足夠的良好條件時，能夠過自行移植植栽改變環境美感，藉由樹木、池塘、草坪等，將自然植物融入空間，即便窗外沒有遠山美景，也能創造居住者想要的靜謐生活美景。

Chapter

2

設計排毒健康自然好宅的6大關鍵

Point1 改善通風，引入室內好氣流

Point2 增加採光，帶來通透明亮

Point3 破除不當格局，光線和風都湧進

Point4 解決悶熱漏水，提升居住舒適度

Point5 杜絕噪音，住家安寧又好眠

Point6 精準選材與規劃，安心使用沒煩惱

Point 01

改善通風，引入室內好氣流

每到夏季，空調電費都是筆可觀的費用支出，想要節省花費，只要你能把室內通風搞定，就能省下不少費用。除了使用變頻機種，或是風扇空調並用之外，室內開窗設計也很重要，除了要依循風向做規劃，也可以結合空氣引導排出原理，空調設備自然就用得少。

Questions 001

我喜歡住在通風好的房子內，剛好又要買新房，請問該怎麼挑選？

挑選基地面西南的房子，夏天可以吹到涼爽的風，冬天不會灌進東北冷風。

以台灣全島來說，基本上夏天吹的是西南風，冬天吹的是東北風，房子若是座落在毫無地形、建築遮蔽的空曠地方，若面向東北方，冬天來臨時就算不開窗，室內溫度一樣會降低很多；反之若通風口面對西南，冬季的室內溫度較能維持。

這樣的大原則運用在都市內挑選房子時一樣適用，挑選大開窗面或通風進口面朝向西南的房子，夏天時自然通風會較好；此外，還需注意房子周圍大環境，棟距間的距離較寬（5公尺以上），也有助於風的流動；另一點，目前部分新蓋的建案，會請建築師事務所在施工前進行建築的風場模擬，也有助於理解建築物完工後是否通風。

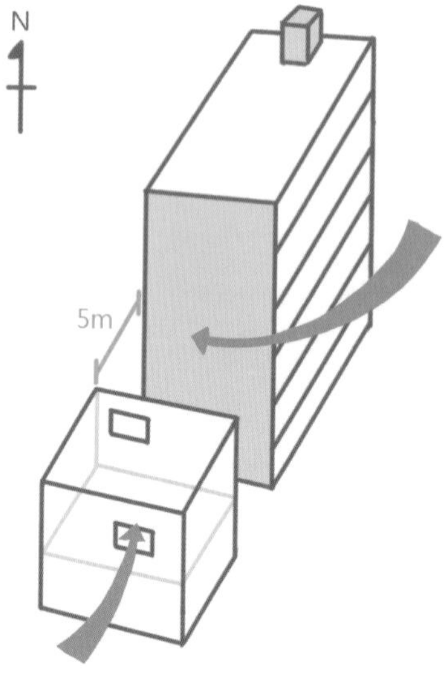

Questions 002

棟距太近，無自然風吹入，要如何設計室內通風才好？

可考慮推射窗，若推射窗還是無法引進自然風，建議使用機械通風。

若從居住者舒適的角度來看，屋內的通風良好與否，其實可細分為兩種類，第一種類是指屋內的空氣是否流通；第二種才是指是否有屋外風吹入。若希望室內能有良好通風，其實可以先自行釐清是哪一種需求。倘若是第一種，覺得空氣很悶，二氧化碳濃度太高，將窗戶略微打開再搭配電扇使用，多半可以解決室內空氣悶熱問題；但若是第二類，就得考慮下面兩種方式：

1 安裝推射窗引進自然風：推射窗因開窗面積較大，加上利用窗戶開出不同角度引進，略微調整後，還是有機會在棟距狹促的機會下引進屋外的自然風。

2 利用機械通風：若處於完全無法仰賴屋外環境來解決通風問題時，可採用機械通風。透過抽風機或換氣機的安裝，一樣可以達到新鮮空氣流通的目的。

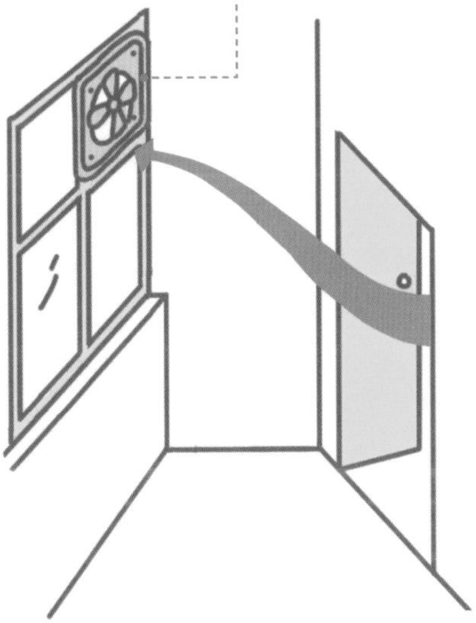
利用抽風扇等機械強制排風。

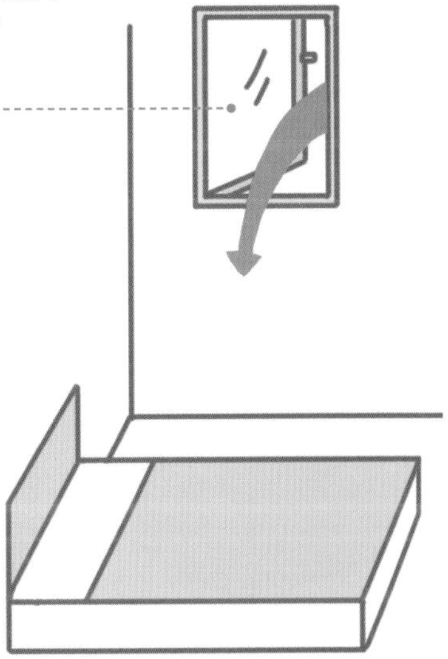
裝設推射窗擴大通風面積。

Questions 003

我家在頂樓，容易在廁所聞到其他樓層傳來的菸味，是哪裡出了問題？該怎麼解決才好？

可能是不同樓層的髒空氣交叉感染，由管道間所傳上來所致。

一般住家大樓，建商通常會將髒汙空氣的排風口設計通往管道間，再透過管道間的對流將整棟大樓的廢棄空氣排出，因此若家中沒人抽菸卻聞到其他樓層傳來的菸味，極有可能是不同樓層的空氣透過管道間交叉感染所導致。此時，可檢查廁所內、或任何跟鄰居接鄰的牆面是否有破口，基本上，只要將破口補起來，就可杜絕這樣的問題；假若空間裡並無破口，就可考量是否進行「當層排放」施工以為因應，相關方式可參見第32頁。

Questions 004

如果要重新裝潢房子，到底該怎麼規劃，房子的通風才會比較好？

若要有通風的房子，最重要的原則就是門窗開口面積，基本約為樓地板面積的12%。

都市建築因為較無法考量屋外大環境的狀況，所以多半僅能就現況加以調整或改善，若希望能設計成通風的房子，以下有幾個重點可考量：

1 開窗面積越大，通風效果越好：門窗畢竟是屋外自然風及空氣流入室內的入口，因而直觀來看，能夠打開的門窗面積越大，通風效果自然越好，這也是都市建築在考量通風效果時，最重要的原則。一般來說，可開門窗的總面積最少需為樓地板總面積的12%為佳。

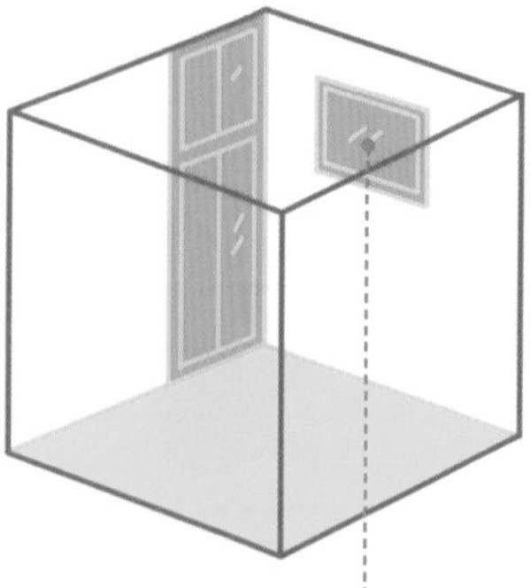

$$\frac{\text{門窗總面積}}{\text{樓地板總面積}} \geq 12\%$$

2 以對角方式安排進風口及出風口：這樣的設計方式適用在長型格局的房子中，在迎風面設計一進風口，對角處安排出風口，且進風口位置設計較低為佳。用這樣的方式可促使屋內產生空氣壓力，促進空氣對流。

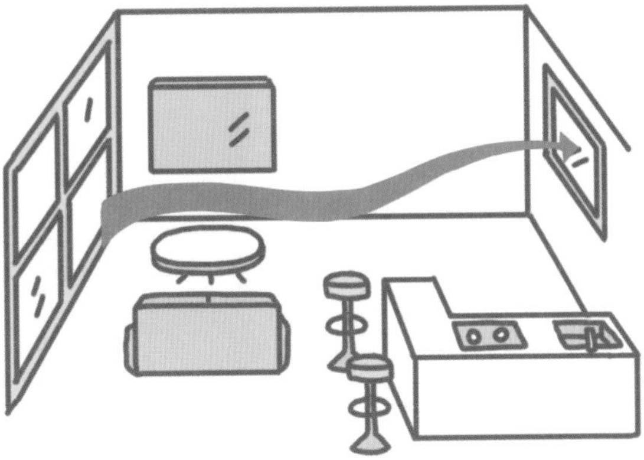

3 隔間設計考量屋內風的流通狀況：隔間一定會影響室內通風狀況，若能順著風的流通狀況來安排格局，日後在使用空間時，只需要開門或開窗，自然就有戶外的自然風流入；此外，屋內也不宜堆放過多物品，也會影響室內空氣的通風與否。

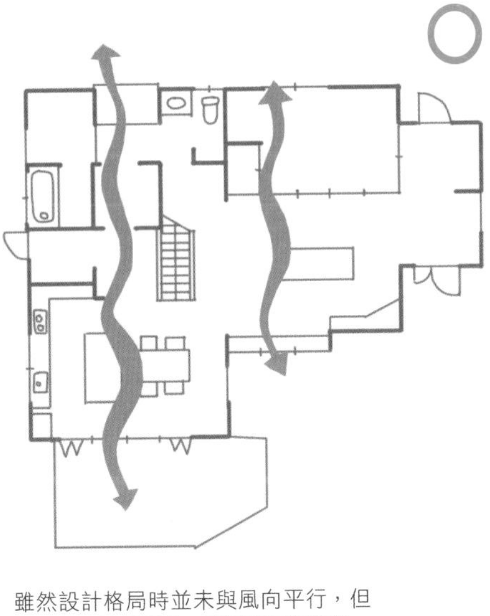

雖然設計格局時並未與風向平行，但其垂直面皆設門窗，讓通風得以對流。

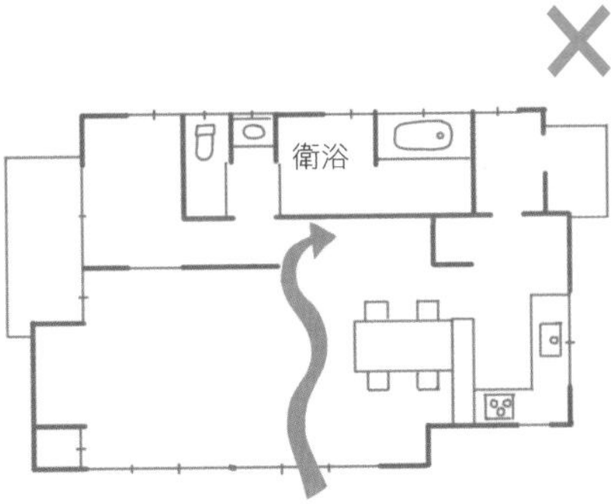

衛浴隔間與風向成垂直，且垂直面無門窗，使得風向無法進入衛浴空間。

Questions 005

房子的內部格局影響著屋內通風，到底該怎麼安排格局會比較妥當？

可安排半開放式隔間，或採用機械通風。

屋內沒有隔間一定最通風，但如此一來一定不符合使用需求，因而對於非常注重室內空氣品質與通風良好與否的人來說，在設計前可採取以下措施：

1 檢視居住房子的風向，作為規劃格局時的參考：舉例來說，若風向是由西往東吹，格局就建議不要與風向垂直，或在垂直面能加設門窗，使空氣可以流動。

2 運用半開放或穿透式隔間安排格局：在安排隔間時，也可透過設計來確保屋內的通風，例如在玄關的隔間處，可選用格柵；或是在書房及客廳交界處，以腰高的半牆取代完整的實牆；抑或仿照早期建築，在門上面加裝通風口，都可以讓室內通風更好的設計方式。

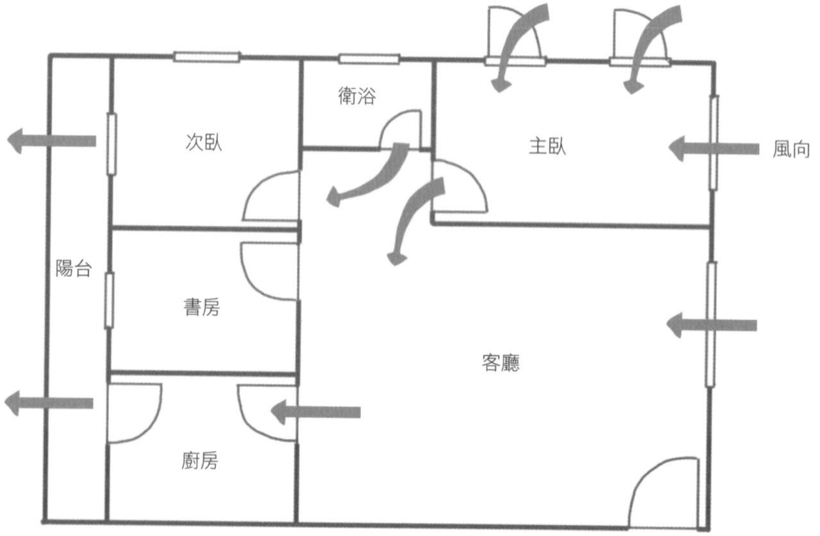

格局配置與風向平行，若垂直的話，可變更隔間設計。

Questions 006

我家的房子與格局都沒辦法再變動了，但通風就是不好，聽說熱交換機也可以達到空氣循環的效果，可以直接安裝嗎？

可直接安裝使用，熱交換機的施工難度低，且不需要變更空間格局。

熱交換機主要是與冷氣搭配使用，在冷氣房的密閉空間中，透過主機與屋外空氣進行交換，確保室內有充足的含氧量；目前坊間的全熱交換機也具備排除熱氣或保留暖氣的效果，因而只要使用方式正確，如夏季時設定夜間熱氣排除模式，避免屋內熱氣累積，使冷氣在下次運作時降低運轉的負荷，達到節省電能的效果。

全熱交換機在運作時，會先將冷氣房內的已冷卻但髒汙的空氣吸至交換機內，保留冷氣溫度在機器內後將空氣排出，同時對外的風管會將屋外空氣吸入，於交換機內過濾灰塵及異味並以先前儲存的冷氣降溫後，再送至各使用空間，達到空氣循環的目的。因交換機的熱交換效率可達60％左右，若在冬夏季節室內外溫差較大時，透過全熱交換模式，可以降低冷氣的運轉負荷，平均一年可降低冷氣或空調30％左右的運轉負荷。

全熱交換機可於室內直接安裝使用，機器大小約與一般冷氣大小差不多，同時需搭配管線的安裝於牆面處洗出兩個約50元硬幣大小的孔洞使用。

攝影＿蔡竺玲

吊隱式全熱交換器。

Questions 007

我家廚房對外窗戶很小，每次煮完飯整間都聞得到油煙，該怎麼改善比較好？

先了解油煙無法排除的原因，再來對症下藥解決問題。

空氣的流動是由正壓處流向負壓處，一般而言，建商在規劃空間原始格局時，若有事先進行周圍環境的空氣流場模擬，會將廚房及廁所設置在負壓處，若是自行重新裝修房屋變動格局，或是房子先天就無此規劃，就有可能將廚房誤設置於正壓處，如此一來，廚房在煮飯，若又是開放格局或抽油煙機吸力不足，就有可能讓整間房子充滿油煙味。碰上此狀況，可在烹飪時將廚房的窗戶關緊，並打開抽油煙機對應。緊閉窗戶的原因在於，若在此時開窗，新鮮空氣雖然不斷流入，但抽油煙機或抽風機反而會吸到外來空氣，降低了機器運作的效率，造成反效果。

倘若廚房不是位於正壓處，那麼此時不妨將屋子其他窗戶打開，讓空氣充分流動，也可緩解屋內充滿油煙味的問題。

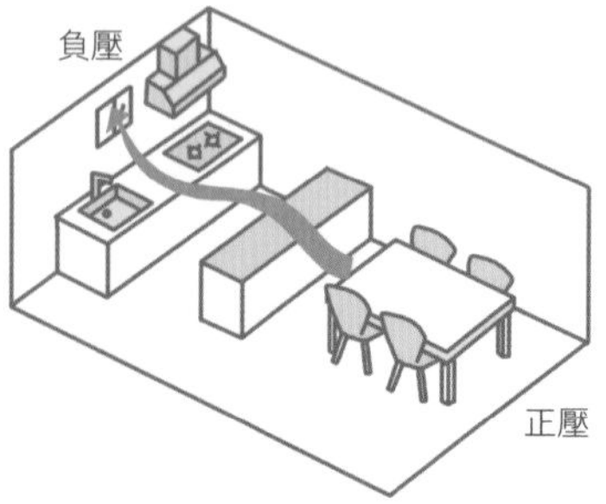

Questions 008

家裡夏季比較悶熱，風都吹不進來，冬天反而冷風直吹，一點都不舒適，要怎麼改善比較好？

在迎北風的一側以隔牆擋住，讓室內不寒冷。

安排室內開窗位置前，必須先注意建築物風的走向，由於台灣地理環境關係，各地區風向不同，但大體而言夏天通常吹南風或西南風，冬天則是北風或東北風，因此主要開窗位置可以朝向南方。如此一來，夏季引入涼爽的南風，冬季則可阻擋冷冽的北風直驅入室。了解風的走向、流徑後，再配合建築方位，規劃窗戶形式，如雙向開口、高低窗設計等。

以問題中的房子格局，建議可先於北面設置一道隔牆，讓冬季的冷風不會直接灌入室內；此外，也可在屋內搭配其他方式調整使用，下面幾個方向供讀者參考。

1 檢視窗戶密閉性：高密閉性的窗戶可降低屋內外冷熱的對流，在冬季時防止熱氣散出，夏季若屋內開冷氣或電扇時，也可緩和熱氣流入室內。

2 搭配隔熱窗／雙層玻璃窗：隔熱窗或雙層玻璃窗較能減緩溫度散逸。另外，像是蜂巢簾也具備隔絕冷熱的效果。

3 若上述方式仍不足，則建議配合機械通風使用。

Questions 009

小孩房的通風不好，聽說換成推射窗能改善是真的嗎？

推射窗因為開窗面積較一般橫拉窗大，且可透過推出的窗戶引進戶外空氣，的確有助通風。

要讓屋內空氣流通確保清新，開窗、開門的面積可說是最關鍵的決定因素，開窗的面積越大，越多戶外空氣可進到室內，空氣流通與新鮮度自然就越好。以一般居家常用的窗戶，可分成兩大類，可看出一般窗戶與推射窗的差異：

類別	定義	優點	缺點
橫拉窗	由兩扇以上的窗戶組成，窗戶沿軌道向左右開啟。	1 不佔室內外空間，隨意控制開啟面積、操作輕便。 2 非特殊窗型（如氣密窗），價格較為便宜。	1 開窗面積最大僅能到50％。 2 普通橫拉窗抗風性較弱 3 下大雨或颱風天，窗戶僅能緊閉，無法換氣通風。 4 清洗較為麻煩，可能需拆卸才能清洗乾淨。 5 一般橫拉窗密閉性不是很好，因此可能有較大的熱損失。
推射窗	一般分為內推、外推、平開窗以及平開上懸和平開下懸四種方式，也分為單扇、雙扇兩種方式。	1 抗風性較佳。 2 外側玻璃清潔容易。 3 開窗面積較大。 4 可透過窗面適度導入戶外空氣。 5 置換室內空氣方式較為彈性。 6 窗扇和窗框間一般均用良好的橡膠密封壓條，密封性較佳。	1 使用時佔用較大面積室內外面積。 2 因窗型緣故，窗角很容易碰傷。 3 單價相對橫拉窗高。

Questions 010

我家是透天厝，廚房和廁所的異味一直難散去，聽說可以改成當層排放廢氣就能改善，這是真的嗎？

各層衛浴的排風管在當層向外排放，保持室內空氣清新。

當層排放的確可改善，但仍須先釐清異味的發生原因為何。

當層排放是指浴室、廁所的抽風機抽出去的廢氣或濕氣，不像一般作法，先送到管道間再往上送到屋頂，而是直接從居家所在的樓層，透過風管（排氣鋁折管）送出去。當層排放基本上可以擁有較好的排氣與除濕效果，同時可避免廢氣集中管道間所造成的廁所臭氣交叉感染問題；至於當層排放的施工方式，其實相當簡單，只需要在牆壁上洗孔作為排風管出口，搭配排風機運用即可，已完工的建築也可靠事後的施工來達成。

不過，值得一提的是，廚房、廁所有異味，還是建議先弄清楚異味的發生原因，常見因素可能為水管堵塞、或是排水管的水蒸發，或是防臭型落水頭發出的氣味，有時甚至可能是因為管道間對內安裝沒有密合所產生，像是某些品牌的衛浴設備就需要特殊工具安裝，若無此工具就可能造成異味感染室內空氣。總之，先弄清楚原因再對症下藥，必然可節省不必要的修繕支出。

Questions 011

若是緊鄰大馬路的房子，因為擔心灰塵及噪音，通常會安裝氣密窗，但這樣一來會不會影響通風？或是該如何裝修規劃？

對於這類格局的屋子，以選用機械通風來解決問題最為實際。

在規劃居住空間時，原則上當然希望能盡量引進自然風，使得屋內的空氣流動順暢，同時符合人類的體感舒適度，但若房子緊鄰大馬路，而需要時常緊閉門窗時，在無法變更大環境及格局的前提下，事實上選擇機械通風對一般消費者最為實際。

目前常用的機械通風種類，包含冷暖氣機、熱交換機、及換氣機等種類，居住者可依空間大小、住屋形式及預算來決定使用的機械種類。熱交換機的原理就是將熱氣排至屋外，同時透過空氣過濾設備將屋外空氣換至室內，安裝這樣的機器約需要在牆面洗出50元硬幣大小左右的洞口，供管線安裝；換氣機則直接安裝在窗戶邊使用，目前市面上業者推出的機型，亦有相當具有流線設計感的款式可供選擇。

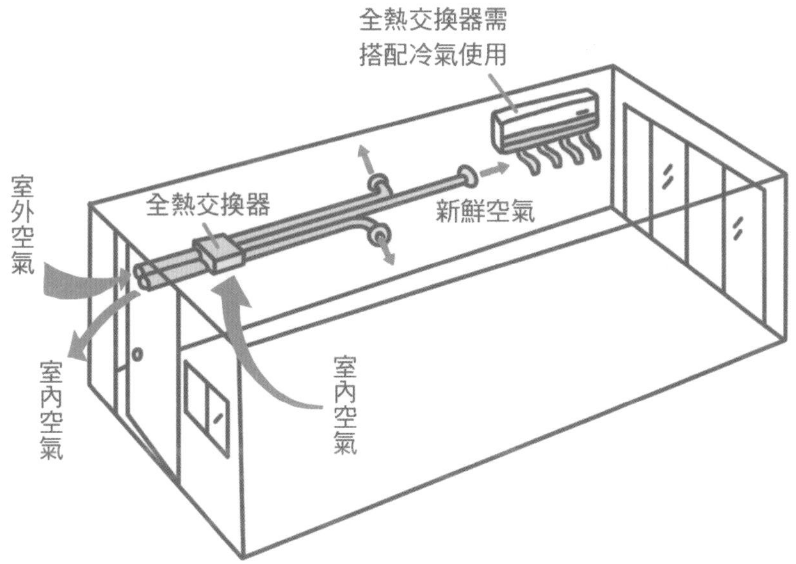
全熱交換器需
搭配冷氣使用
全熱交換器
新鮮空氣
室外空氣
室內空氣
室內空氣

Questions 012

明明有開窗，但是還是覺得空氣不流通，究竟是什麼問題？

造成屋內不通風的原因相當多，但幾乎都可肇因於風壓不足致使空氣無法流動。

建築通風與否，與通風原理有極大關係，例如風力通風與浮力通風。

1 風力通風：又稱為「貫流通風」，是利用水平風壓力進行換氣，當風吹在建築物量體上時，便會在建築物的表面造成風壓，迎風面產生正風壓，背風面則會產生負風壓，而風力通風就是靠著正負風壓的差距，來推動空氣的流動。

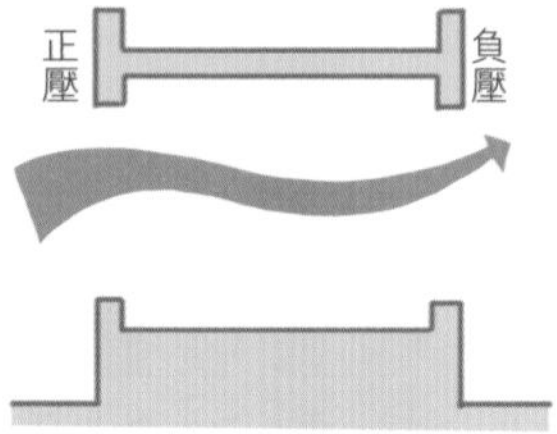
正壓
負壓
風力通風

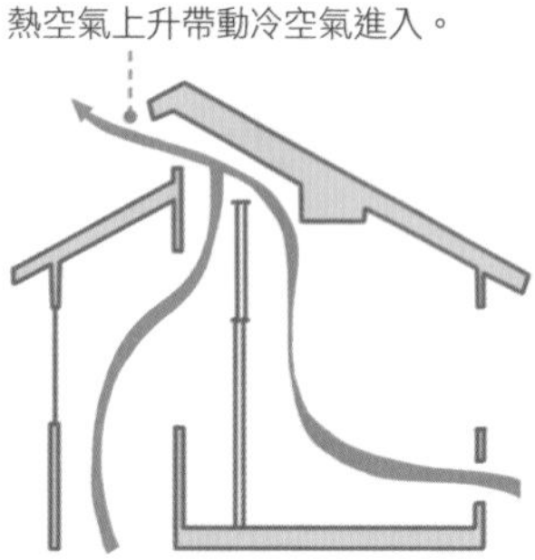
熱空氣上升帶動冷空氣進入。
浮力通風

2 浮力通風：是依「煙囪效應」來達成通風，利用煙囪上、下端不同的氣溫層，使空氣產生流動。簡易的浮力通風就是在高處開高窗，或是在建築中製造一個天井，利用熱氣流上升由高窗散逸，帶進低處的空氣進入而達成對流通風。因而若家中開了窗空氣卻仍舊不流通，可考慮參考通風原理進行補強，例如若為透天建築，可在樓梯間的最上方打造一間玻璃屋，除了讓採光更好，也可運用浮力通風原理，改善此一問題。

Questions 013

要讓家裡有更好的通風，如果真的只能安裝機器來解決，除了熱交換機，我還有其他的選擇嗎？

可視空間及預算，選用抽風扇或是換氣機。

機器通風的目的及主要作用，就是達成室內與室外新鮮空氣的交流，因此除了熱交換機外，事實上只要是能達成此目的的機器，當然都可以運用。簡單比較如下表：

名稱	安裝方式	安裝位置	價錢	優點
熱交換機	可以懸吊方式安裝交換機主機，並搭配風管、配件等一併安裝；同時需於牆面洗洞供風管通過。	主機安裝於室內空間正中央，配合空間格局安裝風管及配件。	全系統包含全熱交換機、控制器、風管、配件，價格帶從NT.30,000元～150,000元不等，需視機型大小及品牌而定。	可維持室內空氣品質，並穩定室內外溫度差異。
換氣機	坊間換氣機一般有直立式與橫式，多半設置於對外窗邊，窗戶再配合機型進行切割或調整。	需要空氣流通、並擁有對外窗之房間。	依市場價格及品牌，每台約在NT.40,000元左右。	安裝簡單、效果顯著，造型流線，便於融合於居家裝潢中。
抽風扇	選定需要通風之空間，將抽風扇安裝後固定即可。	需要空氣流通、並擁有對外窗之房間。	數百元至數千元。	價格便宜實惠。

Questions 014

重新裝潢新增一房後，家裡反而變得悶熱，發現是隔間擋住了對流，一定要打掉才行嗎？

不一定，可運用變更隔間設計，像是以拉門、木格柵等改善。

家中的空氣、風要能產生對流，第一要點就是先了解風對流的方向，之後再搭配對流方向來設計格牆及房間門的開設位置，避免隔牆的位置、方向與風流垂直，阻礙風的對流及自然通風換氣；最後擺放傢具物品時，也不宜放置過多物品盡量避免阻礙風徑，屋中通風自然就不會差。

倘若格局真的需要這道隔牆，不妨思考其他替代方案，例如規劃為半開放格局，需要使用時才將拉門拉上，平常則敞開保持通風；或是以格柵這類的設計取代完全密封的實牆或輕隔間，讓風得以在同一路徑上暢通，空間自然就能擁有良好通風。

Questions 015

浴室的抽風機和電燈線路接在一起，想要除濕，但是一直開燈又很浪費，要怎麼改善比較好？

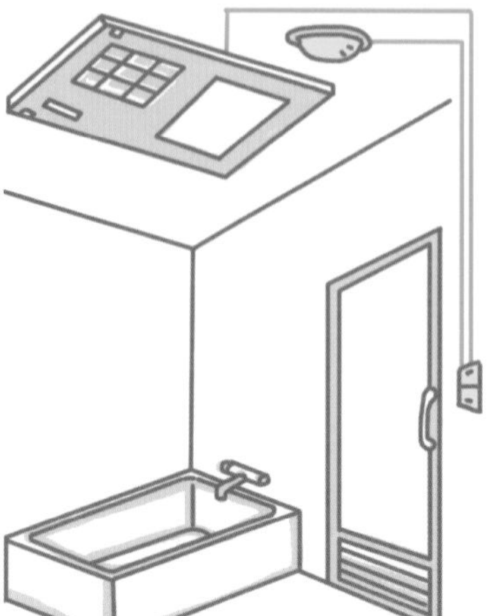

暖風設備與電燈分開線路設置，即便關燈也能持續抽風。

建議修改電路，將抽風機與電燈改成不同線路開關。

假設用完浴室一出來關了燈，抽風設備就跟著關閉，那不僅臭氣無法排出，浴室裡一直處在潮濕狀態，造成細菌黴菌的滋生。因而在浴廁施工安裝時，將電燈開關增設一迴路改為兩個開關，一個用來控制電燈，一個控制抽風設備，對居住者來說，就是相當實用的安排。

另外，若預算充足，可選擇浴廁暖風機取代單純的抽風機。一般而言，暖風機的排氣效果及乾燥效果，會較排風機來得顯著許多，一旦進入冬天，還可選擇打開暖風功能，對孩童的家庭來說，可說是十分實用的設備。

Questions 016

家裡浴室沒窗戶，但是抽風扇又不夠力，拆開看才發現排風管和機器沒連上，究竟是施工過程哪裡出了問題？

應是裝潢時未能確實監工所造成，只需要確實地將機器連上就可解決。

浴室通常是家中最為潮濕的地方，通風的重要性不言可喻，因而若家中浴室沒有對外窗戶，或是對外窗戶開口很小，就一定得安裝抽風機，才能讓浴室適時地乾燥，避免細菌、黴菌滋生影響居家品質。

碰上管線未能連接，事實上若抽風機主機運作正常，只需要將管線重新連接，機器就可正常動作。

另外，排風管在重新施工時，也需注意銜接處須密封確實，避免影響機器運作的效能；然而，浴室產生異味，也有可能是管道間的異味漏出所造成，因而施工時也可同時檢查各管線邊緣，就可將問題一勞永逸的解決。

Questions 017

我家後陽台外推做成小孩房，雖然面陽台側有窗戶，但通風一直很差，請問可以怎麼解決？

將陽台對外窗全部打開，若仍無效，可考慮採用機械通風。

台灣一般的住宅空間普遍坪數有限，將陽台外推直接隔成室內以換取使用空間，是相當常見的作法，也因這樣的格局，造成陽台旁的房間可能原本有對外窗，卻因格局變動而成為室內窗戶，而使得該房間通風變差。此時，最直接的作法就是將陽台的窗戶全數打開，讓空氣得以自然交換，若屋內原本通風就不錯，問題應該就可被順利解決；若空氣流通狀況仍無法改善，屋主不妨就可考慮在房間與陽台相鄰處安裝抽風機、換氣機等設備，利用機械強制通風，以改善房間內的通風狀況。

Questions 018

跟人家分租的房子，是隔成一間一間的套房，裡面很悶，又不想一直開冷氣，有沒有最省的方法可以解決？

透過機械達成通風的目的，或是直接另覓其他租屋處所。

房東在進行隔間時，基於坪效運用的考量，隔間設計是否依照通風原理來設置，可能常不在考量範圍內，加上同一房子內隔出太多房間，本來就不利於風的自然流動，房內當然會覺得悶熱。面對這樣的居住空間，設計師建議，最為節省的方式，其實就是開電風扇來強制促使空氣流動，或是運用市售的循環扇，效果也會比一般電風扇來得顯著。若預算足夠，則建議可安裝抽風機、換氣機，假設不想支出這筆費用，那麼另覓租屋處可能是最為實際且迅速的作法。

Questions 019

公寓一樓的住家，對外牆面及窗戶搭得比較密實，後門又是防火巷，空氣對流很差，有什麼辦法可以改善？

設置天井製造浮力通風環境，或是直接使用機械通風。

許多棟距較接近的房子，常可見在屋頂設置通風口，並在各樓層設計天井，透過浮力通風原理，也就是俗稱的「煙囪效應」，來達成通風換氣的目的，這樣的通風方式對一樓的空間來說，也是最為顯著而有用的作法。因此，倘若在施工上允許，就不妨考慮在建築中闢出天井位置，達成浮力通風的條件。然而，在既有建築中闢出天井位置，一定得花費一筆不小的費用，且建築格局是否允許這樣的變更，還得請專業的建築或設計人員進行評估，因此若是無法變更住宅格局，或是想要選擇較為經濟實惠的作法，以一樓的住宅來說，使用機械設備如抽風機、換氣機或全熱交換機就是最為直接的解決方案。

Questions 020

空調是最常拿來解決通風問題的方法，但若調高空調溫度效果就很差，有沒有方法既省電，又能維持通風或室內空氣品質？

窗戶在設計時一定要保留氣窗確保屋內可通風，或是直接以除濕機搭配電風扇使用。

對室內空間來說，除了周圍環境風壓影響空氣的流動路線之外，空間本身擁有的可開窗面積，是影響室內是否擁有流通空氣的要件。換言之，屋子的窗戶越大、可開窗面積越大，基本上空氣流通相對較佳。因此，在安裝窗戶時，無論是選擇一般的橫拉窗，或是推射窗，一定要保留氣窗位置！保留氣窗的優點在於，夏天溫度高時，氣窗可增加開窗面積，增加空氣對流；冬天時不想讓冷風灌入又想確保空氣流動，也只需要打開氣窗就可解決。

此外，因為台灣夏天多半較為悶熱及潮濕，開空調的目的除了降溫之外，也能控制室內濕度，因而若不想僅靠空調，不妨選擇打開除濕機搭配電風扇，營造出有如歐美大陸型氣候的環境，也能以較為節省能源的方式，打造出體感較為舒適的環境。

Questions 021

封閉式的陽台放了熱水器，已有安裝強制排氣，可是因為通風不好還是會有瓦斯味，該怎麼解決比較好？

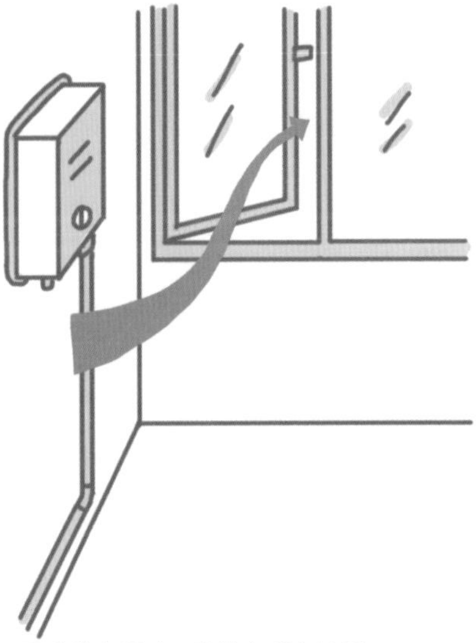
開啟熱水器時，建議窗戶和抽風機都打開，增加空氣對流。

一定要將窗戶打開，確保燃燒不完全的瓦斯可以排出。

一般所說的瓦斯中毒，事實上指的是因為瓦斯燃燒不完全所造成的一氧化碳中毒。瓦斯本身無色無味，業者會在裡頭添加臭味劑，用以警示消費者避免瓦斯外洩所造成的危機。然而，燃燒不完全的瓦斯，其中的臭味劑已揮發，剩餘的一氧化碳同樣無色無味且無法辨識，通常才是造成傷害元兇。因此，在封閉式陽台使用瓦斯，即便已有強制排氣，仍建議將窗戶打開確保空氣的流動，以避免災害發生。同時，若有此疑慮，也可購買一氧化碳偵測器安裝，讓安全防護進一步提升；也可考慮在該空間中安裝抽風機，於瓦斯運作時啟動，也能解決同樣的問題。

Questions 022

老家是長型的透天厝，中段陰暗無光，前後對流又不好，有什麼方式可以解決？

可開一天窗，利用煙囪效應加強對流。

若屋子的縱深超過一定深度（單面開窗6公尺、雙面開窗12公尺），則屋內的通風通常就會很差，主要是因為空間中沒有足夠的風壓來製造對流。既然房子是透天獨棟，建議可於中間屋頂上方設置一處天窗或玻璃屋，除可藉此引自然光入室內，緩和室內的陰暗感受，還可透過煙囪效應，運用屋頂及地面不同的溫差，吸引熱氣由上方排出，冷空氣由低處帶入，自然就能讓空間的對流更為旺盛。

Questions 023

聽説在室內種植植栽，可以讓通風變得比較好，這樣真的有效嗎？又該怎麼種呢？

種植盆栽可讓「空氣品質」變得較好，營造出人的體感舒適環境。

在屋子裡要讓人感覺空氣流通，達到體感舒適的目的，除了注重空氣的流通之外，空氣品質也十分重要！因而在室內種植盆栽雖然無法達到空氣流動、通風良好的效果，但對於改善空氣品質卻有明顯的幫助，透過植物的「呼吸」，的確可讓空氣中的含氧量增加，部分植物還可吸附傢具或油漆內的甲醛，或吸附懸浮微粒，進而使得空氣新鮮度變好。

不過要運用植物使屋內空氣品質新鮮，植物的數量則有一定的標準，消費者可參考環保署建議室內植栽數量及種類，作為屋內植栽選擇的參考依據。根據其建議，每九平方公尺（約三坪）可放置一棵六寸盆的植物，將室內空氣品質維持在最佳狀況。

有效吸附有害物質的室內植物一覽

植物名	可淨化的揮發性物質	淨化揮發性物質能力	降低二氧化碳能力
中斑吊蘭	甲醛	★★★★★★	★★★★★★★
盆菊	甲醛、甲苯、氨	★★★★★★★★★	★★★★★★★★★
噴雪黛粉葉	甲醛、甲苯、二甲苯	★★★★★★	★★★★★★
白斑垂榕	甲醛、二甲苯、甲苯、氨	★★★★★★★★	★★
非洲菊	甲醛、甲苯、三氯乙烯	★★★★★★★★★	★★★★★★
常春藤	甲醛、甲苯、三氯乙烯	★★★★★★★★★	★★★★★★
波士頓腎蕨	甲醛、三氯乙烯	★★★★★★★★★★	★★★★★★★★★★
西洋杜鵑	甲醛、氨	★★★★★★	★★★★★★★★
澳洲鴨腳木	甲醛	★★★★★★★★	★★★★★★★
長壽花	甲醛	★★	★★★★

（★數量越多，其能力越佳）

Questions 024

我家地下室目前已安裝通風扇，但效果不好，有沒有什麼方法解決通風問題？

若有空地可運用，則可向下挖出通風區域，否則就需仰賴機械通風維持地下室空氣品質。

一般而言，地下室在使用上通常有兩個問題，第一是潮濕，第二是新鮮空氣的進入與通風。因此，若要使用地下室空間，且使用者需要在地下室多待一些時間，下列兩項作法可作為參考：

1 在地下室旁，闢出額外空間引風：在屋外鄰近地下室空間旁，開挖出額外空間讓地下室可引進自然光及新鮮空氣，而挖出的空間更可搭配景觀設計，讓空間感受更為多元。

2 直接使用機械通風：在地下室空間仍須設計進風口及出風口，並在出風口處安裝抽風機，透過將空間內的空氣吸出，進風口處自然就會有新鮮空氣流入；同時，空間中亦可搭配除濕機加電風扇的組合，促使空氣流動，也可在地下室創造出體感舒適的環境。

Questions 025

網路上查到有些建材像是珪藻土可以改善空氣不良的問題、改善通風，這種材質真的這麼神奇？

珪藻土的確可以改善空氣品質，但若是為了這個目的，CP值其實不高。

珪藻土是一種生物化學層積岩，是由矽藻的細胞壁所形成，質地軟而輕，可輕易的磨成粉末；密度低、多孔隙、有粗糙感，有極強的吸水性，因而可調節空氣中的濕度，加上且多孔隙的特性，使得珪藻土亦可吸附空氣中的懸浮粒子，達到改善空氣品質的目的，成為時下極為受歡迎的建材之一。

目前使用珪藻土作為裝潢使用的大宗為日本及大陸，主要原因為該兩國皆為產地；台灣並無出產珪藻土，全數仰賴進口，這也是這項建材在台灣價格居高不下的原因；此外，澄毓綠建築顧問陳重仁設計師亦表示，假設將室內空間的牆面全部塗滿珪藻土，對於空氣濕度的影響程度也約莫僅有１％。因此，若要達成常保室內空氣品質及濕度的目的，建議可採用其他相對便宜的建材；抑或在居家生活中運用唾手可得的乾燥咖啡粉、磨成粉的木炭，效果其實都不差。

Questions 026 聽說濕度過高也是影響空氣品質的問題之一，除了珪藻土塗料還有哪些材質也可改善室內濕度，降低孳生黴菌呢？

珪藻土壁紙、伊奈磚也都能夠吸收空氣中的濕氣。

台灣不分季節濕度高，沒做好通風及除濕，其實很容易孳生黴菌塵蟎，造成過敏問題。除了常見的珪藻土塗料，千屹室內裝修設計有限公司設計總監陳又曦指出像是珪藻土壁紙、伊奈磚等，也都是不錯的選擇，他談到，因為這些建材本身具有細微的毛細孔，能在室內濕度大的時候，吸收空氣中的濕氣，稍微降低空氣中的濕度，一旦濕度降低了，就不易孳生黴菌，等到室內空氣較為乾燥時，再將濕度釋放出來。

Questions 027 病毒無所不在，室內設計怎麼做可讓室內空氣品質變好？

加入正負壓循環概念，將汙濁空氣排出。

本木源基空間設計設計師羅元基表示，居家設計可借鏡醫院負壓空調系統的概念，觀察基地條件，創造空氣導流路徑，利用開關門所產生的空壓，將汙濁空氣排出。疫情期間維持循環良好的空氣品質，也對人體健康有益。

Questions 028 疫情這幾年才發生，可用什麼設備讓屋內空氣清新？

後天整合各式設備，讓家多一層保護罩。

疫情加速大眾對於居家環境的重視，從改善空氣品質來看，若沒辦法在裝潢初期整合全熱交換器、空氣清淨機等隱藏式設備，不妨先替換可阻隔PM2.5 防霧霾紗窗，另外像是鞋櫃、衣帽櫃也能加裝紫外線殺菌燈，達到除菌功能。

Questions
029

室外空汙好嚴重，做好開窗設計既怕開了窗戶會有髒汙，不開又覺得好悶，設計上可以怎麼搭配比較好？

換氣系統加空氣清淨機，聯手解解決室內空氣品質問題。

室內環境品質不佳，以往可能沒什麼感覺，受新型冠狀病毒肺炎（COVID-19）疫情影響，多數人變得需要長時間待在家，如此一來，通風不良、濕度以及揮發性物質濃度過高，可能會造成倦怠、血液含氧量不足，甚至產生過敏反應。陳又曦指出，利用機械設備主動換氣，是近年很常被提出來的方案，在不少新建案中都列為標準配備，換氣設備很多種，簡單的如抽風扇，浴室裡的抽風機等，都對通風有幫助，新風系統以及全熱交換器，相對可以有效隔絕室外汙染源。台灣的大環境室內外溫差其實不大，無論新風或全熱交換機都是很好的選擇。此外，陳又曦提醒，安裝上還需要配合風管的整體施工，才能發揮最完善的效能，可以將主機視為人體的心臟，風管是人體的動脈與靜脈，新鮮空氣從室外引入室內前，會先經過淨化箱阻絕有害物質後，分送到空間各處，迴風管同時將室內的空氣，透過主機排出室外。這樣的換氣系統，較不受室內隔間的阻礙，再搭配室內的空氣清淨機，是目前較完善解決室內空氣品質的方案。

透過安裝換氣系統，有效解決室內空氣品質問題。

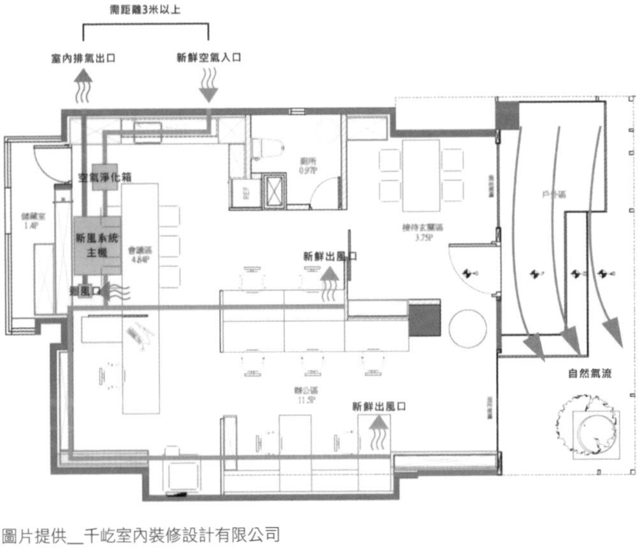
需距離3米以上
室內排氣出口
新鮮空氣入口
空氣淨化箱
新風系統主機
迴風口
新鮮出風口
新鮮出風口
自然氣流

圖片提供＿千屹室內裝修設計有限公司

Point 02

增加採光，帶來通透明亮

最好的光源其實就是自然光，但現今鄰棟間距越來越近，採光日照越來越艱難。因此透過正確的開窗計畫，能完善使用「無價」的太陽光之外；人工照明設計，也需扣合只給光不提供熱的理念，如此一來才能滿足照明需求，並兼顧節能作用。

Questions 001

我家是透天厝，四周的大樓比我們高，陽光都照不進來，要怎麼爭取採光比較好？

建議可利用開天井的方式增加上方採光。

當住家四周有高樓時，光線被大樓擋住，自然會影響採光。一般來說，從天頂直接照射的光線，比來自地平線光線明亮得多。因此若住家為透天厝，建議可開天井照亮暗處，就算只開一小扇也會有極高效率，並且也讓各層都能享受採光。同時在牆面開高窗，就能引進水平入射的光線，也可藉此增加室內更多光源。順道一提，天井若設計得宜，也能兼具通風效果。

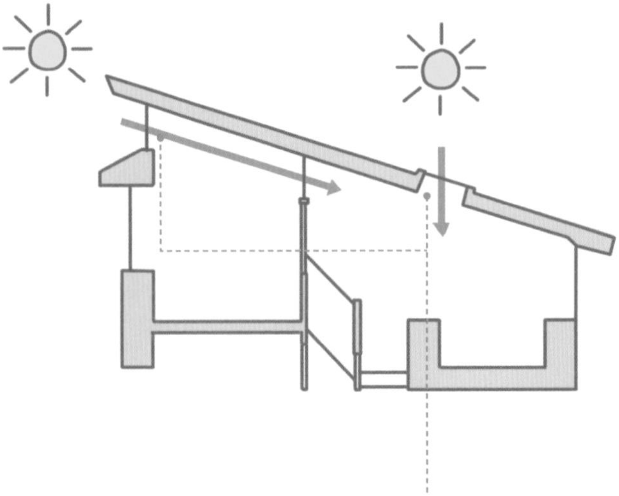

以開天井或開高窗增加採光。

Questions 002

我家住在公寓的3樓，樓層太低又加上與鄰棟的棟距太近，無法有充足的自然光，有什麼方式可以解決呢？

使用淺色材質讓光線得以折射後進入室內。另外，也可於採光處裝設導光板，引入較多光線。

通常在低樓層的住家，除非四周無建築物或與鄰棟相距遙遠，大部分水平入射的光線都無法進入，光線入射量少，室內顯得陰暗。此時若想引進自然光，可於牆面塗上白色，利用光的折射，有效明亮空間。而靠近窗戶的地板也最好選用淺色系，讓地面能反射晝光到房間的深處，如此便能充分發揮自然光的功效。

目前也有其他運用光線折射原理的產品，像是晝光導光板或導光百葉。其原理為：太陽光入射到導光板後，光線反射到天花板，再經由天花板將光線引入室內，增加室內深處的採光，均勻照亮空間。不過目前導光板或導光百葉的價格偏高，較少使用在住家，多用於商業大樓。

另外，如果你家的窗戶不大，可考慮加大窗戶的尺寸，這樣可增加光灑進屋內的面積。若窗外的景色不佳，可選擇裝上半透光的窗簾，或格子狀的景觀窗。

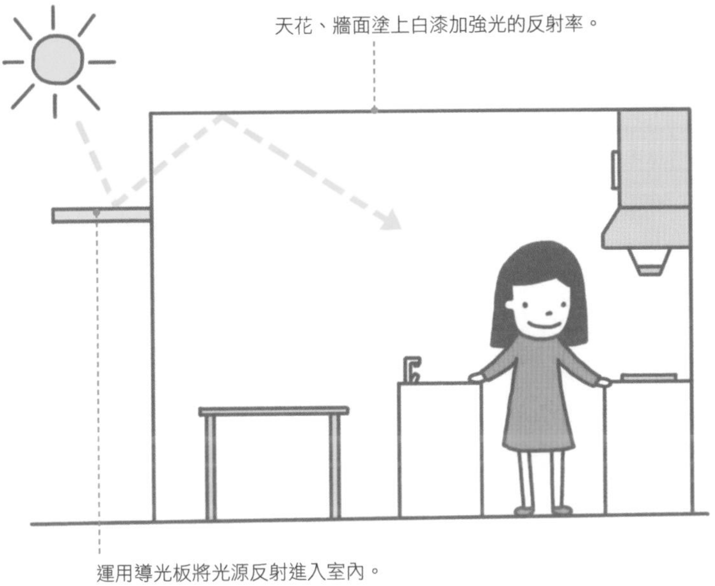
天花、牆面塗上白漆加強光的反射率。
運用導光板將光源反射進入室內。

Questions 003

由於採光的需求，想在牆上開窗增加光線入射面積，有什麼需要注意的地方嗎？

需注意不可開在剪力牆。一般來說剪力牆不能開窗，承重牆上若需要開窗必須經過結構技師或相關專業人士的評估後再行開窗。

一般支撐建築物結構的除了梁、柱之外，也會利用牆來支撐，加強結構的牆面就稱為「承重牆」。若開窗開太大，兩側的牆面面積小，承重不住來自上方樓層的重量就容易塌陷。因此若是想在原本已開窗的承重牆加大窗戶面積，需要經過專業結構技師評估。若未經評估自行增大，可能會造成建築物的結構倒塌。

另外，若想在實牆上新開一扇窗，也需經過專業技師的評估，因為有可能開在剪力牆上，而影響建築的抗震力。剪力牆，又稱為耐震壁，通常位於外牆或電梯間，主要功用在傳導分散外力的影響，同時內有鋼筋提供水平方向的抗拉力和推力，使得建築體在橫向的施力上更具韌性，在地震時能可抵抗橫向拉扯的破壞。因此，若於剪力牆開窗，則破壞了內部的鋼筋結構，地震來時牆面就容易被扯斷。

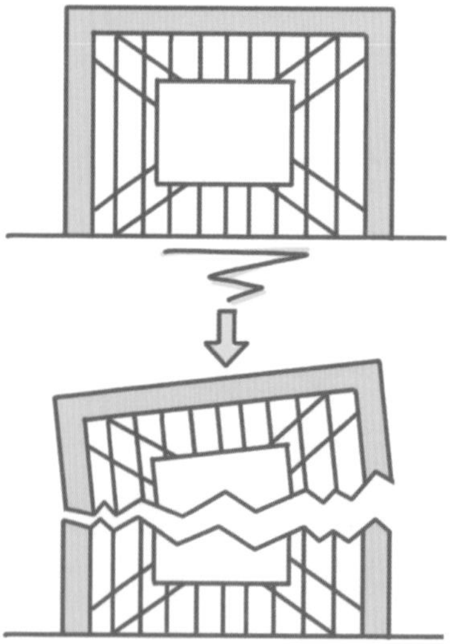

在剪力牆上開窗，會因為牆面無法抵抗地震的水平拉力，進而導致牆面攔腰折斷。

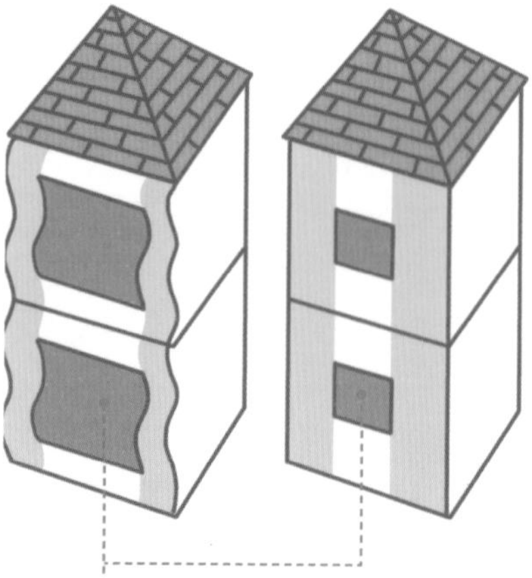

承重牆上的開窗面積越大，所能夠支撐結構的牆面面積越小，就越無法支撐建築。

Questions
004

我家是30年的公寓老屋，由於室內太陰暗，決定加大對外窗，但是聽說要經由全住戶的同意才能做，是真的嗎？

由於開窗是屬於變更外牆的情況，可能需取得管委會或全體住戶同意才行。

關於在建築物上開窗，除了有牽涉建築結構的問題外，也有法令上的規範，依照《公寓大廈管理條例》第八條的規定：「大廈周圍上下、外牆面、樓頂平臺及不屬專有部分之防空避難設備，其變更構造……除應依法令規定辦理外，該公寓大廈規約另有規定或區分所有權人會議已有決議，經向直轄市、縣（市）主管機關完成報備有案者，應受該規約或區分所有權人會議決議之限制。」

因此，開窗等同變更外牆構造，若要開窗需瞭解大廈管理委員會是否有規定允許。若可開窗，也需遵循該規定的開窗限制。

另外，開窗也需遵循防火間隔的規定，能於發生火災時有效阻隔火勢蔓延，以避免影響鄰幢建築物之安全。根據《建築技術規則》第110條第二項的規定：若側邊相鄰的兩棟建築都要開窗，開窗距離至少與該地的境界線相隔1.5公尺，且窗戶材質要選用能抵擋半小時以上的火焰。但若同一居室的開窗總面積面積在3平方公尺以下，且牆面有半小時的防火效用則不在此限。

若想開窗，需經過整棟住戶或管理委員會同意。

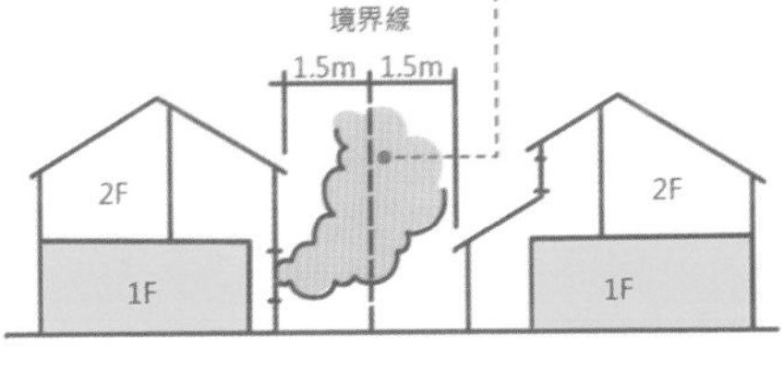

兩棟建築側面欲開窗，窗的距離至少需離境界線 1.5 公尺。

裝修小辭典

境界線
內文所提的境界線皆指基地的境界線。建築基地鄰接道路的界限為建築線，與相鄰土地之界線則稱為基地境界線。

Questions 005

在選房子的時後，為了避免採光不好的情形，要怎麼選才比較好？

選擇座南朝北的房子，且四周的棟距適宜，不會被遮擋的為佳。一般來說，樓層越高，越不容易被擋住採光。

由於台灣位於北半球，陽光多自從南方進入，因此北方光源多為間接光，光線較為柔和，熱度也降低，因此通常多建議選擇座南朝北的房子。同時能夠開大面窗戶，讓光線自然大量進入，減少室內人工光源的配置，同時也能減少能源的耗費。

而東西向的房子開窗需適當遮光，較能夠節省能源浪費。東西向的房子，考量光線過熱與過於強烈的情況，盡量不以開大窗為考量，但仍須保持空氣的流通，輔佐窗簾、百葉窗等配置，調節室內冷氣能源的使用。倘若很擔心日照問題的話，建議在早晨、中午及下午等各個時段觀察日照方向。

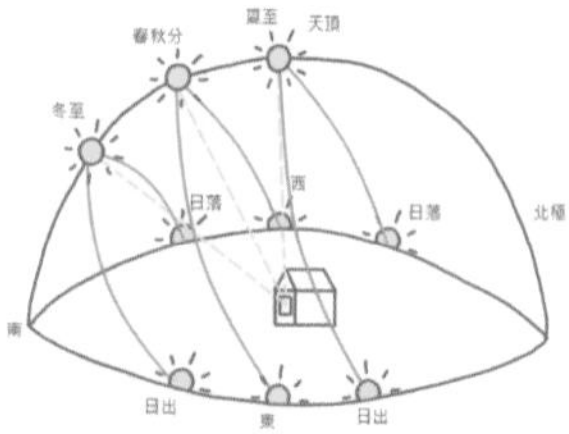

由於位於北半球，陽光多從南進入，選擇南北向房子為佳；東西向開窗的房子，則要注意遮陽的問題。

Questions 006

疫情肆虐，聽說照照太陽能殺菌也利於環境乾燥，是真的嗎？規劃開窗時隨便開一開就可以嗎？窗面積越大越好嗎？

開窗時除了留意方位，還需要留意風的方向性。

未來，新型病毒的進化與產生不會停歇，做好個人環境的維持更是重要。除了維持室內通風，採光性也是掌握的重點之一。光，其實是最好、最天然的「乾燥劑」，暖暖的陽光灑入室內，不僅能平衡室內濕度，光線中的紫外線亦有殺菌作用，同樣也有利於環境維護。因此，在規劃窗戶設計時，除了考量風的方向性，另也要留意日照的方位，這決定開窗位置、大小，甚至是日後進入到室內的溫度與亮度。另外，在配置窗戶時，部分可作為景觀窗、部分作為對外開窗，一來確保陽光進屋，同時也能有助於讓室內的溫度與濕度達到穩定。值得一提的是，室內陽光充足雖然會讓人感到舒服，但也要留意陽光進屋量是否會過大，若過大容易感到不舒適甚至刺眼，容易失去引光入室的本意。若遇陽光進屋量過大，規劃時不妨可減少開窗面積，適度取捨讓窗戶的存在更有意義。

Questions
007

我家想蓋透天厝，開窗的設計要注意哪些事呢？

找出空間的向陽處開窗，將自然光引導入室。同時利用通透材質讓光線得以在空間中漫射。

室內環境品質關係著人身處於其中的舒適度，光線就是很重要的一環，人類在室內的很多活動都需要用到照明，盡可能以自然採光的使用為主，退而求其次才是人工照明的使用。

1 在向陽處開窗：要利用自然採光，窗戶設計很重要。因此盡可能找出空間向陽處做開窗設計，利用開窗面將自然光引導入室；同時面積除了要夠大之外，盡可能也要規劃雙邊採光，如此一來，才能讓自然採光發揮效益，同時也能做到在白天減少開燈的機會。

2 裝設垂直落地式玻璃：運用整面活動式的落地玻璃可充分地引光線入室，光透進來了，足跡越過窗框的線條在屋內產生對稱的光影，營造出另一種非裝飾性的線條。裝設這種活動式落地玻璃除了可以引進大量的光外，還能感受到自然的呼吸，清洗起來也十分方便。

3 運用通透的材質創造不同的光源變化：將自然光引進之後，可以運用通透的建材材質讓光在屋子內漫遊並創造出不同的變化，玻璃、壓克力板、玻璃磚都是可以運用的素材，透過光線，不同的建材材質本身會散發不同的味道。這些通透的建材材質在夜晚人工光源的照射下，變化更是多采多姿。因此在裝修房子時除了水泥可以隔間外，這些建材材質都是不錯的選擇，但玻璃磚的價格稍貴，裝設前先大致估算欲施工面積以免超出預算。

找到空間向陽處做開窗設計，能盡情享用無價自然光，對身體也較健康。

圖片提供＿奇拓室內設計 CHI-TORCH

Questions 008

接近黃昏微暗時，老是覺得開了燈反而太亮有點浪費，不開燈又覺得不夠亮，有什麼設計可以解決這問題嗎？

電燈的迴路控制與窗戶平行，這樣就能從室內最暗的一側開始輔助光源。或是使用調光器輔助，自由控制光源亮度大小。

一般光線從窗戶射入，都會是單面的採光感覺比較亮，像是長型的老屋格局，房屋中段都會偏暗。此時，電燈的迴路設計可與窗戶平行，若覺得室內開始變暗時，從最內側的燈開啟，讓自然光和人工光源並行使用，同時也不會因為全部都開燈造成室內太亮。

另外，市面上也有簡易的調光器，其作用在於調整電燈的亮度大小，因此若天色微暗，可以透過調光器將亮度降低，減少能源消耗。操作容易，即便迴路都裝設完畢，也可事後自行DIY裝設，取得方便，在一般的大型賣場都可以買到。

Questions 009

有些燈光可用感應式的，這樣比較省電，但是裝設的價格貴嗎？這樣開開關關會不會反而比較耗電？

感應式照明會經過一段時間後才切斷照明，並非瞬間的開關，不會比較耗電。且裝設簡單，一般電器用品店皆可取得。

在規劃照明設計時，可以結合照明控制系統，透過其中的自動感應照明，讓能源作更有效的利用。感應式照明是當有人員的存在時才會開啟，若空間中的熱源或移動現象不存在時，感應器便會在一段時間後切斷照明系統電源，並非瞬間的開關，以達到節能效果。若原先非感應式照明的，即便要更換也十分簡單。裝備取得方便，一般在電器用品店可買到。

感應式照明可裝設在入口玄關或長輩房中，可省去時常開關的困擾。 攝影＿江建勳　場地提供＿台灣土地開發 u-home

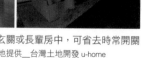

Questions 010

家裡的間接照明太多，不僅耗電，時不時就要重新換盞新的燈泡，且有些燈光根本沒用到，該怎麼設計才能節能又省錢呢？

依照需求適當配置間接照明，可改以立燈、檯燈等可移式的照明輔助。

居家燈光規劃在於自然光源與人工光源的交互運用，呈現最完整充分的光源設計，當自然光線的照面不足，則須以人工光源輔助加強，相互調配達成互補。裝修時，為了情境氛圍多半會規劃間接照明或情境設備，但其實過度的配置其實是增加電能耗損。

在規劃時，除了主燈之外，可依環境需要做添加間接照明，若非必要使用，可以立燈或檯燈做替換，可隨時移動輔助不同空間的光源。既能滿足照明所需，另外也可以映照出層層光影，達到營造氛圍之目的，更重要的是也能減少電能的浪費。

空間以自然採光為主，減少間接照明設備，能夠大幅降低能源的耗損與浪費。
圖片提供＿奇拓室內設計 CHI-TORCH

Questions 011

居家常用見接、直接照明，單選一種好還是一起使用好？

直照＋間照並用，能讓空間畫面具有協調性。

台灣近年受生活感風格興起，居家照明手法已日漸避免以一盞吊燈打亮所有空間的處理方式，取而代之是將直接照明與間接照明混搭表現，讓空間藉由輕重光源產生層次，也達到更合乎屋主的使用慣性。，KC design studio 均漢設計設計師劉冠漢指出，假設已在餐桌上配置小型吊燈作為主要直接照明，那麼周圍建議使用另一種光源輔助動線照明，避免光源相互干擾，善用燈槽設計或以燈罩遮住光體，將光源導向壁面或天花板投射，讓經反射的光源漫散於空間，有助於形成柔和不搶眼的照明氛圍。另外要留意的是，沒有哪一種照明手法絕對最好，而是要視整體格局尺度與樓高比例，再決定要如何分配直接照射與間接照射的比例，滿足最舒適的生活需求。

Questions 012

聽說有機器可以測量空間的照度，這樣能更精準選擇適合的燈泡，進而節省能源，通常不同空間所需要的照度為何？

照度，是單位面積所受的光通量，其單位為勒克斯（LUX），不同使用目的的空間，必須搭配適合照度。

若照度太高，可能會導致太亮，而覺得刺眼不舒服；照度太低，則會顯得亮度不足使得眼睛疲勞，因此適宜的照度是必須的。關於如何測量空間照度，可利用照度計檢測。檢測的方式則是將照度計正對光源下方的工作桌面上，像是餐廳就放在餐桌上。一般來說，書房的全般照明照度約為 100 LUX，閱讀時則需要照度 600 LUX，此時可用檯燈作為局部照明，以達到所需照度。

裝修小辭典

全般照明

照明該特定空間的整體亮度。

光通量

單位時間內由光源（／被照物）所發出（／吸收）的光能。

在照明的範圍內，應依需求選擇合宜的照度。

照度 Lux	2000	1500	1000	750	500	300	200	150	100	75	50	30	20	10	5	2	1
門、玄關（外側）	—									○門牌○信箱 ○門鈴鈕		—		○走道	—	安全燈	
玄關（內側）				○鏡子		○裝飾櫃		全般		—							
起居間	○手藝 ○縫紉			○閱讀 ○化妝＊ ○電話＊＊＊＊		○團聚 ○娛樂＊＊＊		—		全般		—					
客廳	—					○桌面＊＊ ○沙發		—		全般		—					
書房	—		○寫作 ○閱讀		—				全般		—						
廚房餐廳	—				○餐桌○調理 ○水洗槽		—		全般		—						
臥房	—			○看書 ○化粧		—						全般		—		深夜	
兒童作業室	—		○作業 ○閱讀			○遊玩		全般		—							
衛浴	—								全般		—					深夜	
浴室、更衣室	—				○修臉＊ ○化妝＊○洗臉		—	全般		—							
家事室、工作室	○手工藝 ○縫紉 ○縫衣機			○工作		○洗衣		全般		—							
走廊樓梯	—									全般		—				深夜	
車庫	—				○清潔 ○檢查		—			全般		—					

此表依據 CNS 國家標準照度標準所製。

註：有「○」記號之作業場所，可用局部照明取得該照度。

＊對人物的垂直面照度

＊＊對全般照明照度另作局部性的提高照明設備，使室內照明不流於平凡而富有變化為目的。

＊＊＊趣味性讀書當作娛樂看待。

＊＊＊＊其他場所也適用。

Questions
013

書房太暗，燈光配置不足，而客廳又太亮，很多燈用不到，不同區域的燈光配置要怎麼做才對呢？

各空間中所適合的照明方式都有所不同，為了提升照明在家裡的實用度，可依照下列方式適當配置光源。

1 玄關燈依功能配置：首先先釐清玄關照明的作用為何，若是用於收納用途，可採用普照式照明，若是用於鞋櫃中的照明，則可以功能性照明為主；如果玄關的主要作用是動線走道，則可用背景式照明，也就是間接照明，或是具有功能導引的燈光照明，如夜燈性質的壁燈、檯燈、立燈等，還可同時兼具裝飾用途。

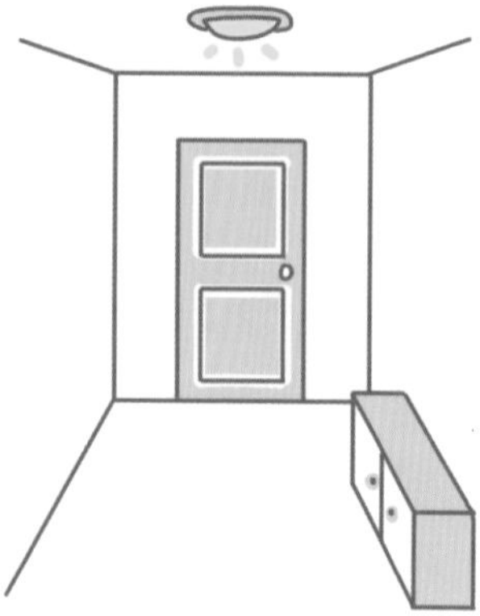

2 客廳利用立燈增加輔助光源：客廳的照明方式很多，但同樣必須先確定其用途為何，如果坐在沙發上看報紙、閱讀、看電視的頻率較高，建議使用檯燈或可調式的立燈幫助使用變動的需求。

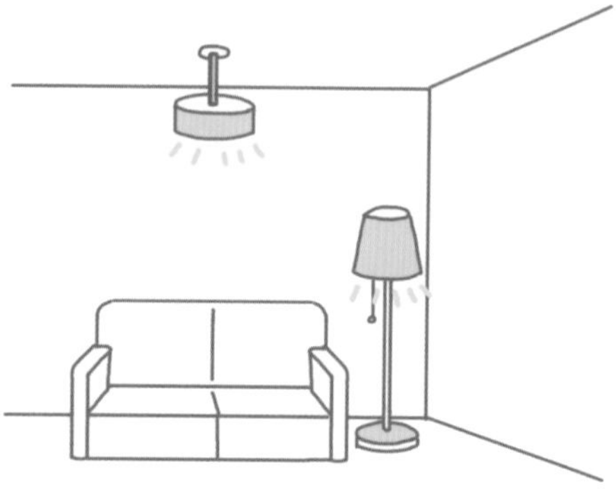

對於一般人較習慣的頂燈，建議不要過度使用較佳，因為頂燈是普照式光源，受光面是全面性的，所以燈光集束要很多，才能使整個空間都有感受到照明，不但會消除空間的層次感、缺乏光影美感，也不見得較為省電。

關於客廳的燈光顏色，能帶來休息氣氛的黃光較佳，亦可選擇黃光搭白光的方式營造交錯光效果，並可依照生活習慣和需求，選擇要開白光或黃光。另外，客廳常見的間接照明，其光源必須距離天花板35公分以上，才不會產生過大的光暈，造成空間中的黯淡感。

3 臥房以頂燈為輔、床頭燈為主：臥室的照明應以頂燈為輔助（直接照明、間接等都行），而以床頭燈或床邊燈為主，除了具有床前閱讀、照明集中的功能，亦能兼顧導引、不干擾他人的作用。

4 兒童房以普照式照明為主：兒童房以普照式照明為主，並加強頂燈的量束，以適合小孩全面性的空間活動，而在個別的活動方式可以增加功能式照明，如書桌、閱讀桌的檯燈，以及局部功能的集中照明，如利用立燈照明牆的視覺等。此外，設計師認為兒童房內燈具的造型與牆面的顏色也是重點，燈具可選擇孩子喜歡的外型，並以柔和的黃光為主，讓房間與小朋友更速配，而牆面顏色建議選擇明亮度較高的色彩，透過黃光產生互補色效果，如黃光與黃色牆面的搭配，就能營造出比白牆更明亮的視覺作用。

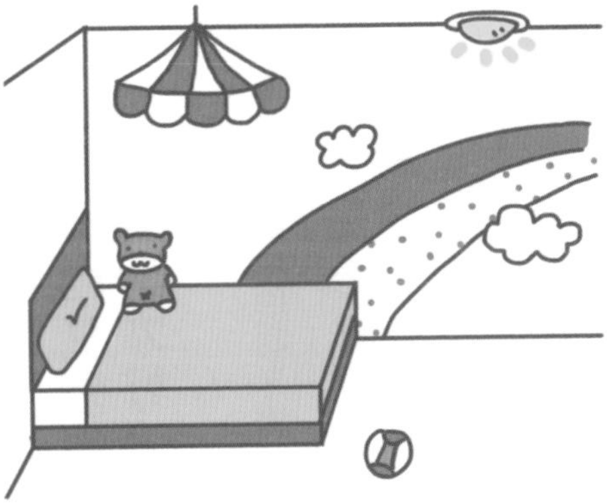

5 餐廳考量照明高度：餐廳主要以餐桌照明為主，利用實用的餐吊燈照明於餐桌的範圍，不但視線清楚且不使光源刺激到人的眼睛，也可另外增加檯燈與立燈於牆、櫃四周，製造用餐氛圍。

6 廚房照明強調安全實用：廚房照明以工作性質為主，建議可使用日光型照明，集中在工作的桌面上運作，如流理檯的層板燈照明就可使用T5或T8日光燈，加強工作的安全性，而廚房的走道上則可以頂燈照明，照顧到走動時的動線明亮度。

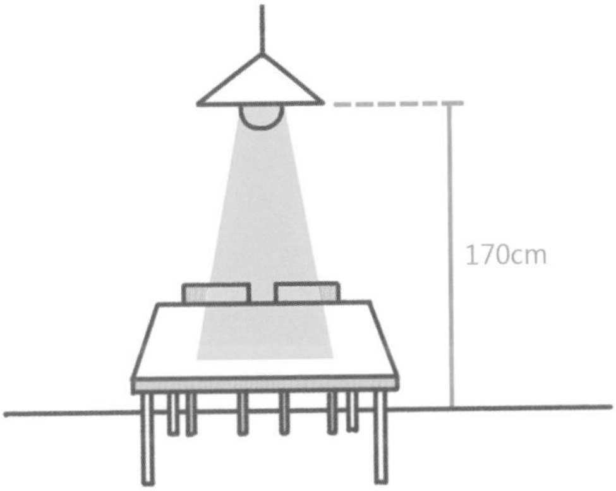

餐廳的懸掛吊燈高度多以 170 公分為佳。

Questions 014

想要保有隱私，但是拉上窗簾室內又變得沒有光線，該怎麼辦才好呢？

可選擇調光百葉控制光線。

百葉門窗在歐美國家作為窗戶窗飾的代表，是以內扇搭配外框固定在牆面呈現。在國外，一開始多半安裝在室外窗戶上，一來增加建築物美觀，二來也能兼具遮光、擋雪、阻絕熱輻射等功能，現今則漸漸引用至室內空間中。

透過百葉葉片角度的控制，能有效調節室內光源，並阻隔紫外線。可依據不同的窗型比例搭配不同的葉片寬度，有些百葉窗還可分成上下半部調光，若想保有隱私，可開啟上半部的葉片引光，下半部則維持關閉，能夠有效阻隔室外視線。

攝影__江建勳

Questions 015

燈具需要時常維護嗎？聽説定期清潔能夠有效維持發光的照度，為什麼？

經常維護燈罩，可使光源不被灰塵阻擋，有效持續極佳的照明效果。以下將介紹清潔燈罩的方式和步驟。

1 **先關閉電源：**清潔燈罩時一定要在電源關閉下進行，否則容易造成危險。

2 **依燈罩材質選擇清潔方式：**一般燈罩可使用抹布沾水擦拭，布質、麂皮燈罩因為不宜直接溼擦，建議在燈罩表面噴上天然酵素製成的藥劑，再用溼布擦拭即可。

3 **利用刷具清除灰塵：**利用軟毛刷將燈罩上的灰塵先刷落，再用吹風機將剩餘小灰塵吹掉亦可。

Questions 016

聽說有些燈泡比較耗電，要怎麼選擇比較好？

現今照明設備以節能省電為需求，因此 LED 燈、T5 燈管和省電燈泡等較受眾多人選購，以下介紹常見的燈泡類型。

節能燈具比一比

類型	燈具	發光原理	發光效率（lm/w）	使用壽命	優缺點
白熾燈泡	鎢絲燈泡	燈泡內為中空或灌入惰性氣體，利用電流通過鎢絲時因電阻產生 2,000 ～ 3,000℃的高溫，使鎢絲處於白熱狀態而發光。為擴散性光源。	8 ～ 20（平均為 15）	約 1,000 小時	1 單價低、安裝容易。 2 較耗電。約 80% 電力產出紅外線（熱能），僅 20% 左右用來發出可視光。 3 演色性較差。
	鹵素燈	燈泡內灌碘或溴等鹵素氣體，利用電流通過時因電阻產生 2,000 ～ 3,000℃高溫，使鎢絲處於白熱狀態而發光。為聚焦性光源。	12 ～ 25	1,000 ～ 3,000 小時	1 演色性佳。 2 單價高。 3 極耗電。 4 溫度高。
LED（發光二極體）	燈泡或燈管	利用電流通過半導體時，將電能轉化為光能。為擴散性光源。	49	10 萬小時以上	1 極省電。 2 冷性發光。 3 燈泡可以做得很小。
日光燈管	一般的日光燈管	藉由電子撞擊燈管裡的水銀蒸氣發出紫外線，再藉由管壁的螢光劑將紫外線轉為可見的白色光。為擴散性光源。	60 ～ 75	約 1 萬小時	1 價格低廉，安裝容易。 2 可單獨更新燈管或安定器。 3 演色性差。 4 會有閃爍的問題。
	T5 燈管／CCFL 燈泡	與日光燈管相同，差別在日光燈管的電極為熱電子發射，T5 與 CCFL 則為冷陰極管。為擴散性光源。	70 ～ 110（平均為 90）	2 ～ 3 萬小時	1 極省電。 2 演色性佳。 3 低閃爍。 4 體積較大。 5 可單獨更新燈管或安定器。
	省電燈泡	特性和 T5 燈管／CCFL 燈泡相同，為擴散性光源。	40 ～ 70（平均為 60）	約 3,000 小時	1 具有省電功能。但螺旋形、馬蹄形或圓球形會折損發光效率。外覆燈罩或加上玻璃板也會減損亮度。 2 體積小，安裝便利。 3 但燈管緊密結合安定器，熱度會促使整組燈具提早損壞。

※ 發光效率：每瓦（Watt）電力可製造多少流明（Lumen）的光。

Questions 017 若只能透過人工照明補強光源，可與設計相輔營造出溫暖的空間氣氛嗎？

暖色調光源最適合表現木質空間溫潤感。

照明手法適度由天花或壁面反射的間接照明，輔以重點投射照明相互交錯，常有意想不到的視覺效果，以木質空間為例，其中有搭配格柵天花板，那麼由上往下的照明配置，更能表現出光影律動，甚至呈現木質壁面的天然紋理，然而木素材也有多種色系，因此留意，壁面顏色越深則照明亮度相對加強。在普遍搭配上，木素材選用色溫 2,800 ~ 3,300K 的自然暖色調光源最適合，而 3,000K 不會過白過黃更視為佳選。

攝影＿Amily

Questions 018 照明路線的安排，有哪些要點需要特別去留意好讓開關與動線能符合實際需求？

照明路線最好能跟著動線安排，並分配燈光迴路，空間燈光情境多元變。

居家空間的照明是以人為主，因此照明路線的安排應以人的動線盥主，然後再去思考照明開關的位置，在規劃及設計上有幾項重點：

1. 分配燈光迴路：透過燈光迴路的安祭，可以為生活帶來不同的氣氛，例如多切開關，能控制不同的亮度，選擇只亮一顆燈或者全亮，抑或開關切換主要照明及間接照明等，使空間的燈光情境能有更多元的變化。

2. 照明開關高度約手肘位置：為使用方便，會建議照明開關的位置不宜太高或太低，最適合配置在手叉的高度，並建議透過迴路設計，將開關集中，較易管理。

3. 雙切式迴路省去來回奔波：公共空間建議多用切式迴路，方便使用者因移動時隨手關閉不用空間的光源省去來回奔波。另外，在臥室採雙切式迴路，設置在床頭及門口，方便切換。

Questions 019

家裡實在無法再增設開窗面積，想用人工照明補足光源，市面上有黃光、白光該怎麼選擇？

工作區適合色溫 5,000K 的白光，休憩區適用色溫 3,000K 的黃光。

其實白光與黃光沒有哪種一定最好，主要還是以人的視覺感官為主，通常可用「功能」與「空間」來區分。以功能區分的話，白光顯色真實，照射對比較大，熱溫也偏冷，環境光源清晰明亮，相對適合工作性質的照明使用；黃光則因色溫關係顯得溫暖，適合用在休憩區的氣氛塑造。若是以空間區分，居住空間常用色溫為 3,000 ~ 6,000K 不等，K 值越大色溫越冷，因此廚房、書桌檯燈、辦公區可用色溫較高的光源，反之臥室、餐廳則選用色溫低的光源；另外，若想要透過梳妝鏡看起來氣色更好，採用顯色性較好的燈具安裝在鏡面兩側會優於頂部，避免陰影的產生，例如超過 60W 以上的暖色系 LED，都是不錯的選擇。

Questions 020

疫情關係常有居家分流工作的需求，會常要開燈，該挑選何種燈泡才能節省電費？

燈泡省電依據發光效率，但仍需配合照明系統讓光源分布有效利用。

發光效率越高代表燈泡的電能轉換成光的效率越高，所以選用真正可以節能的燈泡，應該以發光效率數值來做最後的判斷標準。再者，搭配開關配置與照明設計也能達到節能目的，讓光源能不受限制充分利用。

裝修小辭典

發光效率

發光效率是指光源每消耗 1 瓦電所輸出的光通量，單位為 lm／W，發光效率越高代表燈泡的電能轉換成光的效率越高。

Point 03

破除不當格局，光線和風都湧進

明明重新規劃了格局，卻還是覺得悶、不通風；或是改了格局後，變得比以前更熱。其實格局位置與光和風大大有關係，應該要考量到光線和風向去配置，才能讓空間住得舒服。本篇將一一介紹各種在採光、通風遇到的格局問題，作為讀者的規劃參考。

Questions 001

改了格局發現沒有以前涼、採光也只有部分房間有，是格局哪裡做錯了？

配置格局時，需配合日照和風向，一般來說，格局要與風向、採光平行最佳。

每一個區域想要能保持良好通風和採光，最好能考量光線和風的進入方向去配置，一般格局的配置要與日照、風向平行，才不致擋住。若有隔間的需求，在光線與隔間的垂直面利用半開放式的設計像是拉門，或是材質改以可透光的玻璃，讓光線能隨時照亮室內深處。

而格局配置多為「明廳暗房」，因此像是客、餐廳等公共區域，家人聚集的時間比較久，通常都會配置在採光最良好的地方；而臥房多為晚上才進入，因此採光需求不高，再加上需要絕對的陰暗才是比較好的臥寢環境。至於衛浴空間的濕度高，最好也能配置在日照處，加速除濕殺菌。不過這非絕對，仍可依生活習慣調整。

另外，想要達到良好的通風，最好的狀況是每個空間都能有窗戶，讓氣流自由進出，不過多半都市內住宅的條件較嚴苛，無法每間都有窗戶，因此至少要讓風能在室內流轉，才能有良好的空氣品質和涼爽的環境。

Questions
002

格局不好，房間配置阻光，中央公共區都沒有光線，白天都要開燈，要怎麼改善？

拆除一房隔間，再把廚房隔間縮減，還原原先封閉的小窗，讓兩側光線都得以湧入，公共區重獲光明。

問題 1 客廳無光
客廳只有單面採光，光線不足太陰暗。

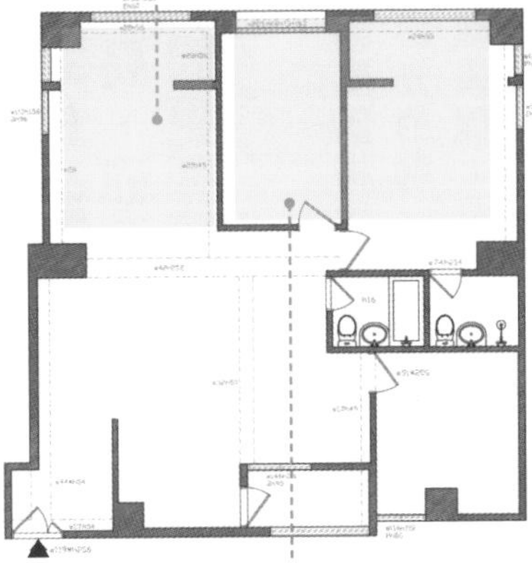

before

問題 2 封閉隔間，阻擋採光
房間太多而使光線無法進入。

破解 1 縮減一房隔間改做廚房
打開一房隔間改為半開放式廚房，破除封閉感引入採光。

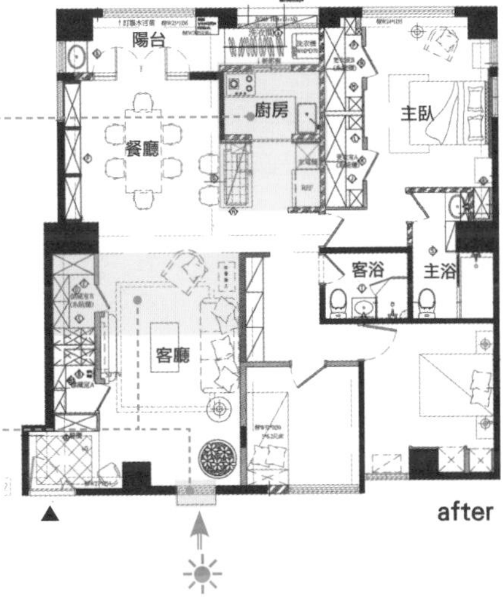

after

破解 2 對調廚房和客廳位置
將廚房改為客廳，打開過去封閉的小窗，使兩側採光進入。

空間設計暨圖片提供 ＿ 摩登雅舍室內設計

Questions 003

30年的老屋，不但屋高不高，通風採光都不好，讓空間更顯壓迫，要怎麼解決？

將封閉的廚房格局拆除且移位至牆邊，藉此解決了遮光的牆，再配合半高牆與玻璃窗迎入採光與景觀。虛化一房隔間改為拉門，讓空間變開闊。

問題 1 隔間太多，遮擋光線
由於採光區域正好有三房格局和廚房遮擋，封閉式的設計使光線都無法進入室內。

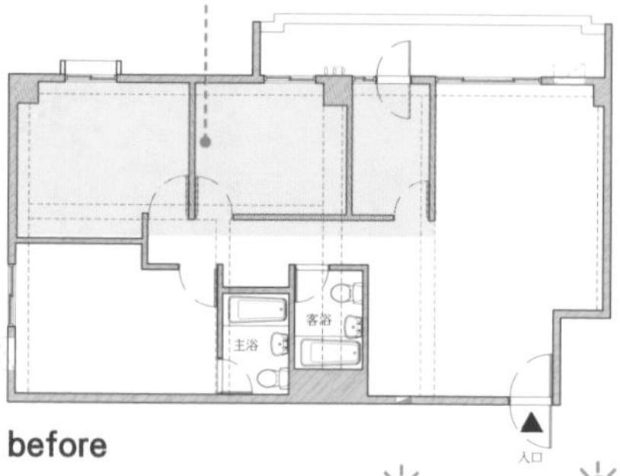

before

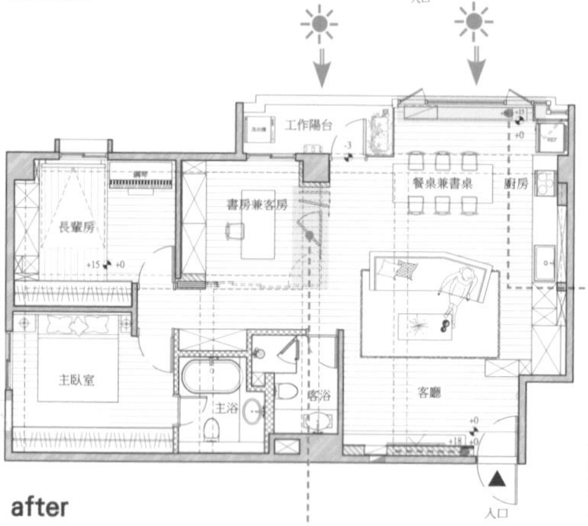

after

破解 1 拆除廚房牆面，改以玻璃牆區隔
把餐桌旁封閉廚房牆面拆掉後，搭配L型玻璃牆與空間擴建，讓採光可順利進入公共區。

破解 2 一房牆面改拉門，空間變大更明亮
原本廚房旁的房間拆掉固定牆面，改用活動式拉門做隔間，讓書房納入公領域的視野，並使走道歸零、空間感變大。

空間設計暨圖片提供＿明代室內設計

Questions
004

我家房子狹長，只有單側採光且中段陰暗，要怎麼設計才能改善採光問題呢？

由於屋型本身較為狹長，再加上採光只有一側，格局順應光線進入的方向配置，讓光線能進到房屋中段，向陽側的隔間牆皆使用玻璃窗引光，破除室內陰暗。

問題 1 空間太小，機能屬性不佳
由於有樓梯阻隔讓空間被分割，機能無法發揮應用。

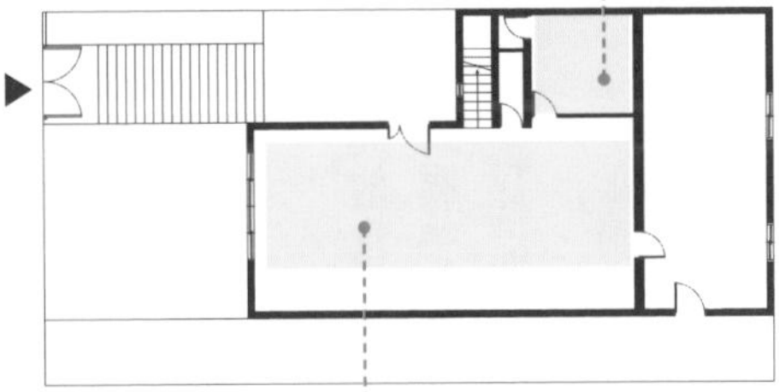

before

問題 2 空間過於狹長，中後段太陰暗
空間狹長使得房屋陰暗，同時格局難以配置。

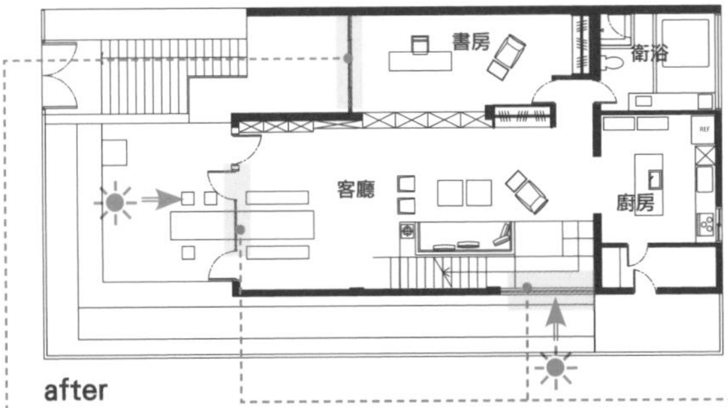

after

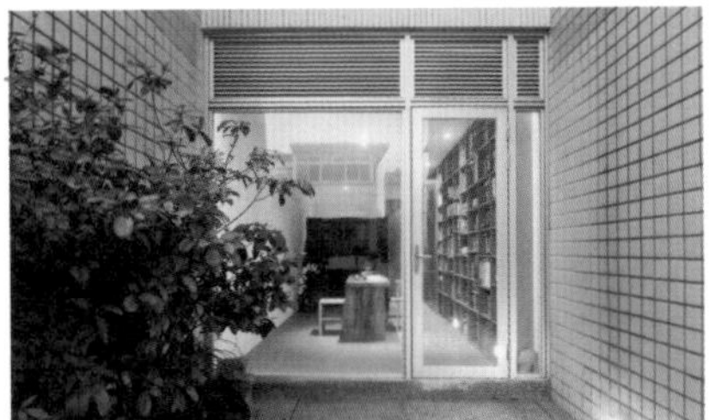

破解 2 樓梯位移，強化空間機能
樓梯位移到客廳沙發後方，原有的玄關位置設置透明隔間的書房，向戶外借景採光，也完成屋主的大量書籍收納需求。

破解 1 向陽處隔間以玻璃材質取光
客廳以玻璃隔間區分室內外，同時在房屋後段拆除部分實牆，開設大落地窗。

空間設計暨圖片提供＿相即設計

Questions 005

雖有開窗，但無太多對流，不想大動格局，又想去除陰暗，可以怎麼解決呢？

室內改為部分開放格局，形成氣流通道，同時也讓光線進到房子的中心。局部牆面改為玻璃門，通透的特性即使不動格局也能引光。

問題 1 老舊鋁門窗阻光
原本的老舊鋁門窗框數量過於多，使得光線無法順暢穿梭。

問題 2 兩側有窗，但隔間遮蔽無通風
即便有窗，卻被隔間遮擋，通風變得不佳。

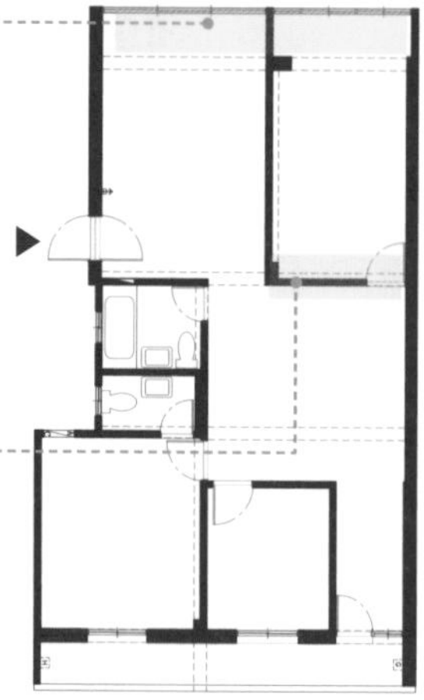

before

破解 1 更換新型窗戶
客廳對外窗更改為新型窗戶，減少窗框阻隔，提升整體明亮度。

破解 2 一房隔間改為拉門，通風又明亮
打掉客廳後方房間的隔間牆，改為透明拉門，氣流和光線不受限。

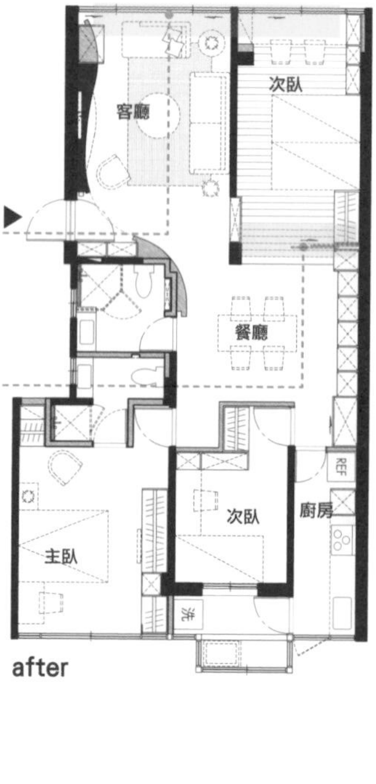

after

空間設計暨圖片提供＿演拓空間室內設計

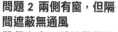

Questions 006

餐廳窄小，樓梯出口又擋住客廳，不佳的格局讓空間難利用，要如何重新規劃？

先將廚房拆掉並外推，廚房與餐廳對調，重新建構出寬敞且與自然連結的餐飲休閒空間。樓梯出口移位，再與電視牆合併，出入口一點都不佔空間。

問題 1 封閉廚房，遮住戶外良好視野
廚房不僅狹小，且呈封閉式，戶外景色被遮擋。

before

問題 2 樓梯位置不佳，佔用客廳空間
樓梯出入口的位置正好面對客廳，使得客廳牆面相對縮減，佔用空間。

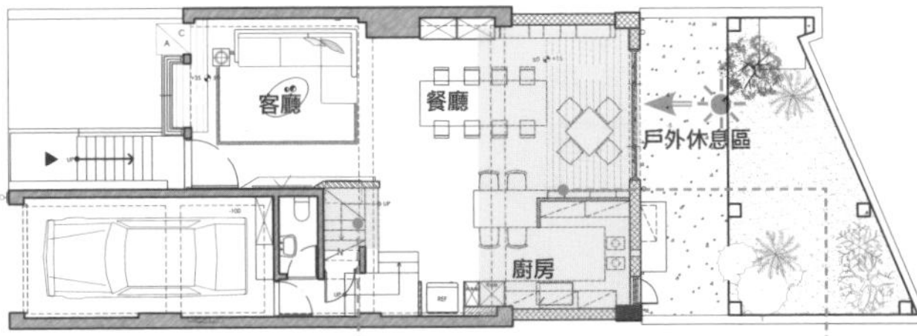

after

破解 1 拆除廚房隔間後外推，再和餐廳對調
先將遮擋採光與庭園景觀的廚房拆除後，再外推規劃出休閒區，為原本與外界難以連結的視窗打開。

破解 2 樓梯出口改向，電視牆變開闊
樓梯出口轉向廚房，客廳電視牆得以延展放寬，化解了客廳面寬與格局太小的問題。

空間設計暨圖片提供＿明代室內設計

Questions
007

空間比例配置不好，房間和餐廳都太小，原始屋高又矮且有壁癌，該如何調整呢？

位移隔間解決空間比例問題，縮小客、餐廳的公共區；衛浴和廚房對調，讓衛浴面光，同時浴室以透光不透視的大面玻璃拉門，將光線引入客廳。

問題 1 房間比例太小，不敷使用
其中兩房空間坪數較小，又有漏水和壁癌，難以使用。

before

問題 2 餐廚空間機能無法發揮
原始餐廚區被高櫃區隔，不僅動線不佳，機能也無法發揮。

破解 1 兩房合而為一
拆除一房隔間，將四房改成大三房格局。

after

破解 2 整併餐廚區
打掉餐廚區的高櫃，廚房靠牆成L型，留出多餘空間，機能更完整。

空間設計暨圖片提供＿摩登雅舍室內設計

Questions
008

家只有前後有採光，且臥房臨馬路，晚上睡覺都不安寧，要怎麼解決？

將需要安靜的睡寢區向內移，公共區移到臨馬路側。室內格局以開放式空間設計，減少實牆阻擋光線。

問題 1 臥房面馬路太吵
除了想將原本兩房改成三房外，還有小孩房面向馬路過於吵雜，必須挪動格局位置。

問題 2 房屋中央被實牆擋住無光
封閉的廚房隔間不止讓空間變狹小，也阻擋光線進入到中央的餐廳。

破解 1 臥寢區向內移動
將原本的小孩房與客廳對調，轉而面向中庭降低外界的吵雜。同時原先主臥稍微推縮，剩餘空間分成兩間小孩房，並利用雙面櫃分隔爭取空間。

破解 2 電視牆取代廚房隔間
利用電視牆作為客廳與廚房的分界，半高的設計也讓廚房旁的廊道得以援引光線。

空間設計暨圖片提供＿FUGE GROUP 馥閣設計集團

Questions
009

房子主要開窗面朝北，加上原始4房格局全面遮光，都使公共空間不夠明亮，要怎麼解決問題呢？

調整一房與主臥合併，形成主臥更衣空間，擴大空間機能。同時面窗的牆面內移，留出臥榻走道，讓光線得以透入空間，提升整體明亮清透度。

問題 1 四房太多無用處，又容易遮光
由於為小家庭，四房過多且其中一房坪數較小難以運用，再加上開窗處面北，光線照不進來。

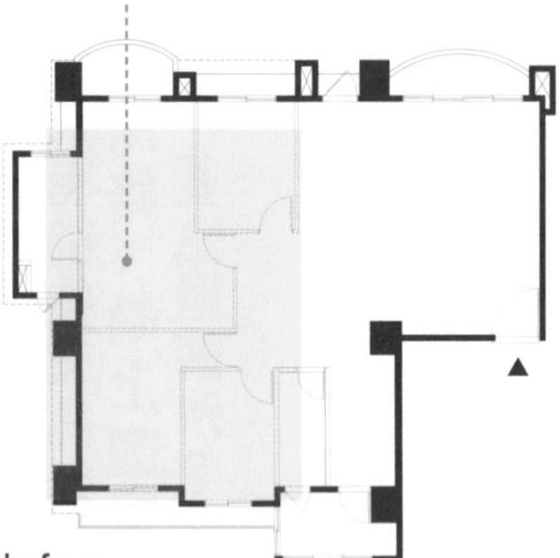

before

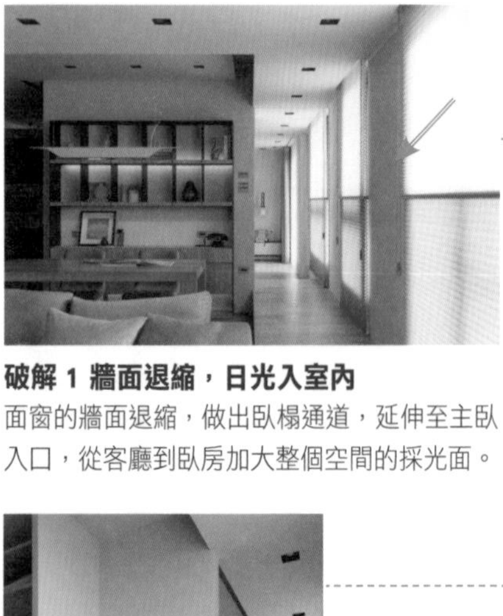

破解 1 牆面退縮，日光入室內
面窗的牆面退縮，做出臥榻通道，延伸至主臥入口，從客廳到臥房加大整個空間的採光面。

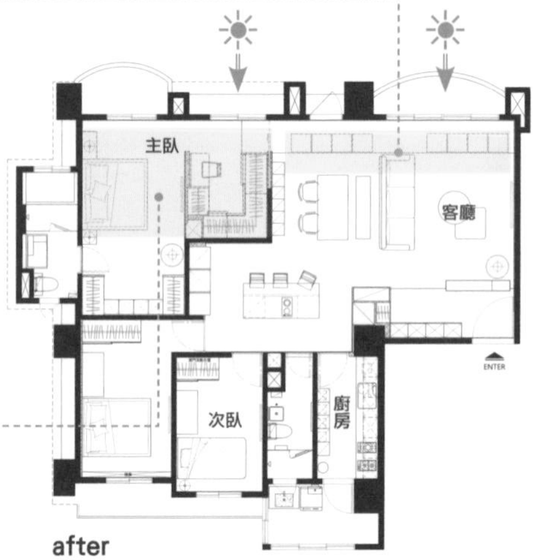

after

破解 2 一房納入主臥，擴充機能
將鄰近主臥的小房拆除，與主臥整併形成更衣空間，發揮完善機能。

空間設計暨圖片提供＿日作空間設計

Questions 010

客廳西曬炎熱，夏日難久待，再加上隔間太多形成陰暗廊道，格局要如何修改？

對調格局，西曬客廳改為使用頻率相對低的餐廳，創造舒適公共區。同時隔間退縮，加上牆面以明亮色系打亮廊道，降低陰暗感。

問題 1 客廳西曬高溫
客廳位於西面，夏日易有高溫，不耐久待。

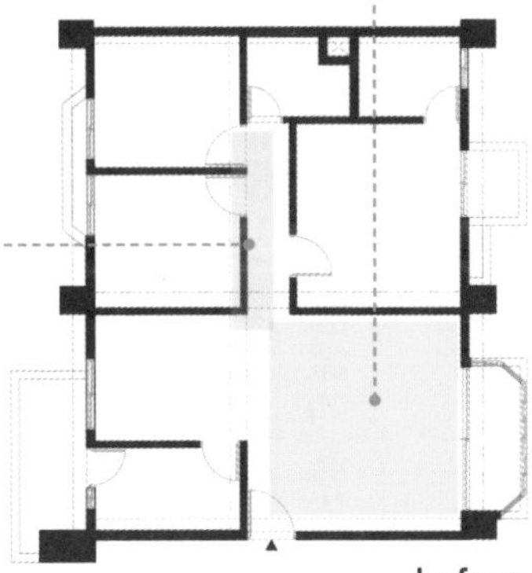

問題 2 廊道太狹長陰暗
由於隔間多，形成狹長廊道，中央無光。

破解 1 調換格局，迎入綠景和舒適室溫
客廳和餐廳對調，同時將一房拆除，形成兩面採光，不僅空間明亮，也能看到中庭綠意，打造舒適的客廳空間。

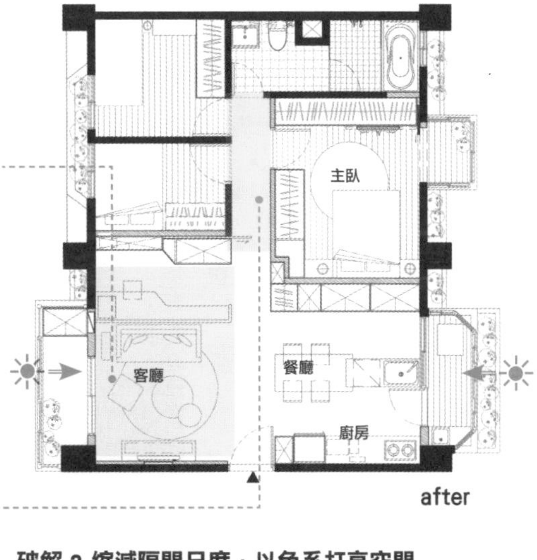

破解 2 縮減隔間尺度，以色系打亮空間
縮小一房隔間，減短廊道長度，透過明亮藍色和白色百葉提升空間亮度。

空間設計暨圖片提供 _FFUGE GROUP 馥閣設計集團

Questions 011

走道略微狹小，且產生畸零空間，只想微調格局，要怎麼做才好？

去除無用隔間，釋放空間坪數，同時拉齊牆面，才能避免畸零區域的產生。

問題 1 餐廳走道狹隘，空間不方正

夾在客廳與房間動線上的餐廳略顯狹隘，產生畸零空間。

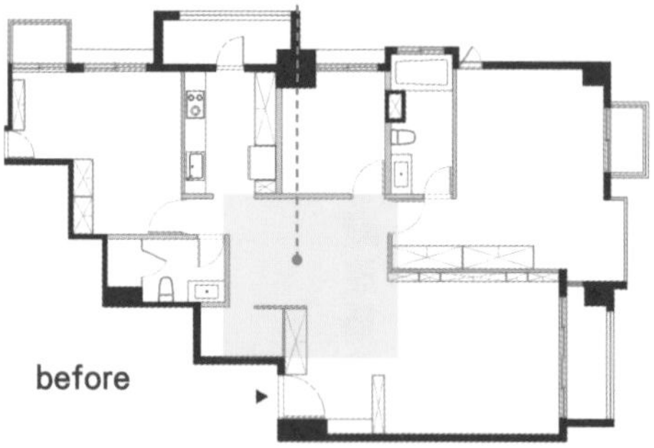

破解 1 撤除一房，以櫃體拉齊空間線條

拆除鄰近餐廳的儲藏室，將走道讓給餐廳，再以櫃體與牆面齊平，形成方正空間。

空間設計暨圖片提供＿
FUGE GROUP 馥閣設計集團

Questions 012

明明有大陽台，卻被廚房阻擋，客、餐廳採光更差，同時動線也不佳，怎麼調整會比較好？

拆除廚房隔間，釋出坪數和採光，將客餐廳移至向陽處，不僅提升空間明亮，也整合公共區域，形成方正格局，動線更順暢。

問題 1 隔間擋光，空間不夠明亮
因廚房與臥房的隔間牆阻擋，導致客、餐廳僅有兩小扇採光窗，房屋中央陰暗。

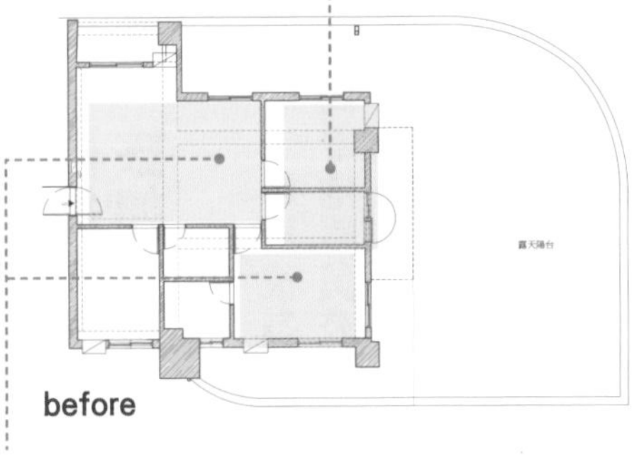

問題 2 公共區域動線不佳
原本客廳與餐廳連結為L型格局，不僅空間不大，動線也不順暢。

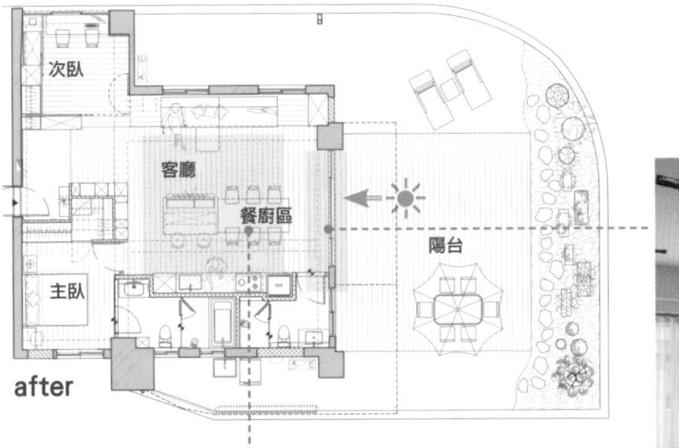

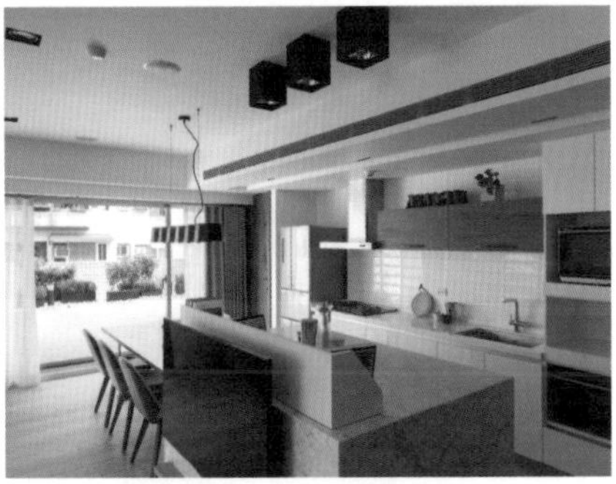

破解 1 拆除廚房，立落地窗迎光
廚房與臥房隔間拆除，並改為落地窗，客、餐廳與廚房得以順利後移，同時也可享受陽台採光，解決室內陰暗問題。

破解 2 客餐廳和廚房共用，放大生活尺度
公共區域釋放隔間，客餐廳和廚房採用開放設計，使動線不受阻礙。

空間設計暨圖片提供 __ 明代室內設計

Questions
013

隔間過多，空間被切割零碎，再加上畸零地的惱人問題，該如何解決？

拆除多餘隔間，四房改為二房，符合生活需求。將部分畸零地帶與公共空間整合，不做區隔，避免截斷視覺。

問題 1 突出的畸零地難以利用
鄰近陽台的畸零地，空間較小難運用，形成閒置區域。

問題 2 四房格局太多，空間被切割
只有兩人居住，四房格局太多，空間較為零碎。

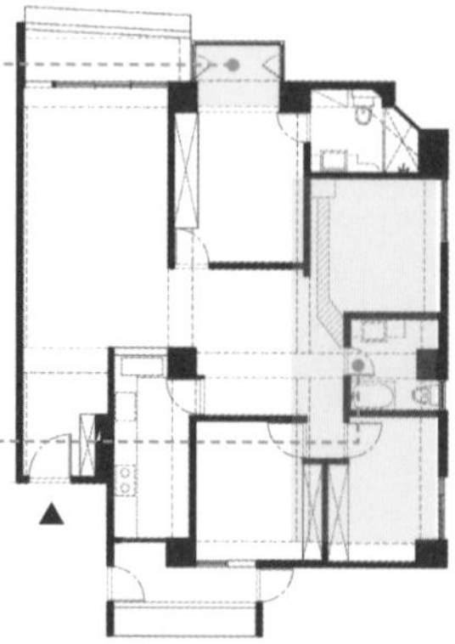

before

破解 1 部分臥房整併，釋出空間給公共區域
拆除一房，空間留給客廳，擴大空間深度，多出書房機能。

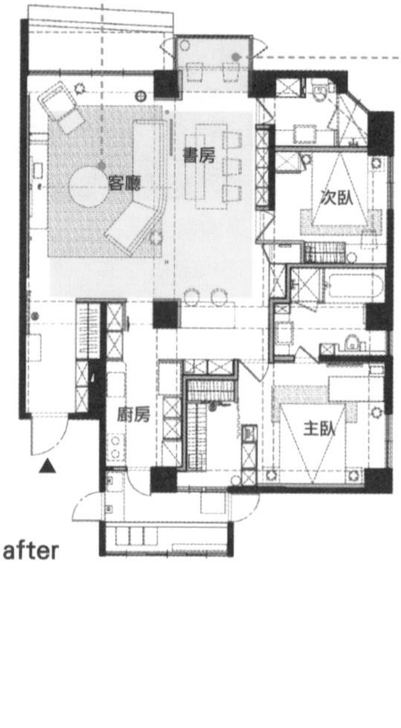

after

破解 2 賦予畸零地機能
外推陽台的畸零空間轉化成小巧書桌區，不僅有效利用，也與書房空間合併。

空間設計暨圖片提供＿演拓空間室內設計

Questions
014

只有8坪的小空間，不僅坪數小，再加上衛浴空間比例過大，擠壓到使用空間，該如何重新調整才好？

將比例過大的衛浴做退縮，再加上廚房移位，讓出空間給公共區，使格局更為方正。捨棄隔間，形成開放的設計。

問題 1 衛浴空間太大，佔據坪數
8 坪的空間中，衛浴空間顯得過大，擠壓到坪數。

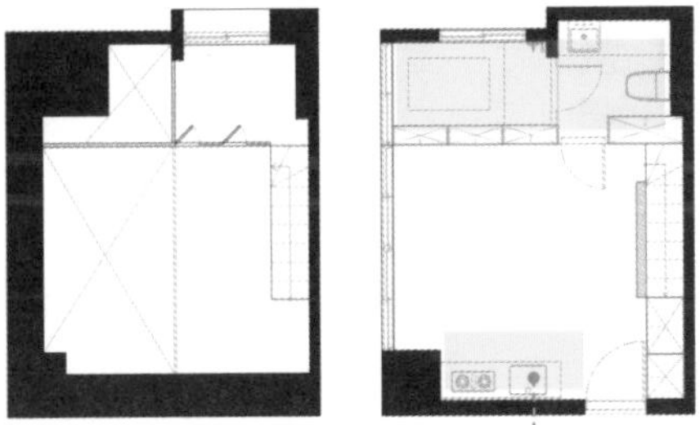

before　夾層　1F

問題 2 格局有風水疑慮
一入門就見灶，再加上廚房空間佔用到客廳坪數。

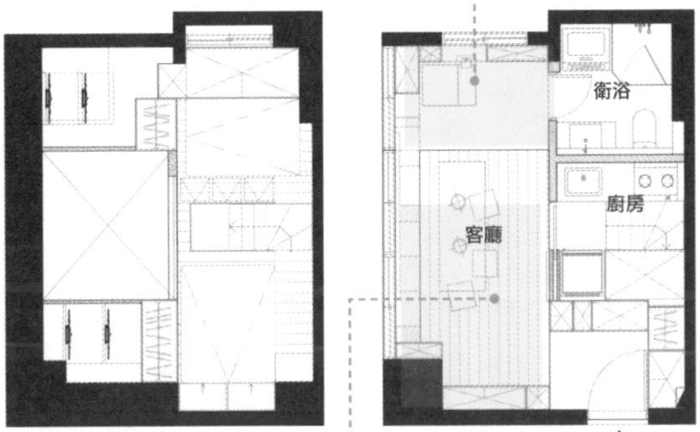

夾層　1F

破解 2 衛浴隔間退縮
縮減衛浴機能，去除浴缸空間，釋放坪數給客廳，同時也釋出採光，空間更為明亮。

破解 1 廚房移位，釋出空間給廳區
廚房移至空間中央，與衛浴相鄰，不僅留出空間給客廳，使客廳更加完整，相對也避開風水問題。

空間設計暨圖片提供＿
FUGE GROUP 馥閣設計集團

Point 04

解決悶熱漏水，提升居住舒適度

都市建築越來越密集的同時，也阻擋了風的流動，讓都市內部呈現高溫化的現象，使得人們也必須不斷使用冷氣降溫，在這種惡性循環之下，讓能源不斷耗費。同時每到雨季，漏水問題頻頻復發，不僅住得不舒適，時日一久還容易形成壁癌造成居住隱憂。該如何有效隔熱防漏，成為本章重要的課題。

Questions 001

家裡臥房西曬的問題很嚴重，每到下午都熱到無法進入，要怎麼解決比較好？

利用遮陽棚，擋住大部分陽光。

在西曬側運用植栽或窗簾擋光；窗戶選用Low-E複層玻璃，並貼上隔熱膜。同時白天緊閉西曬處的窗戶，阻擋熱能進入。

西曬一向是讓人困擾的問題，若是在都市內建議可於西曬處擺上盆栽植物阻擋陽光直接照射；若本身是透天厝，且有足夠的腹地，可選擇種樹遮蔭。建議樹種可選擇常綠植物為佳，不會落葉、遮陽性又好。

而西曬處若有窗戶，建議換成Low-E複層玻璃，並貼上隔熱膜。複層玻璃為兩層玻璃組成，中央有惰性氣體。惰性氣體的導熱性差，熱能進入時，就不容易導熱進室內。或者可於房子外部裝設遮陽棚，阻擋陽光照射。但若是在都市公寓，遮陽棚的裝設則需通過大樓管委會的同意才行。

Questions 002

家裡住頂樓，每到夏天傍晚進入室內還是覺得熱烘烘，有什麼方式可以有效降溫？

可於屋頂地面鋪設隔熱磚、木棧板，或是鋪上園藝用黑網，形成空氣層有效隔絕熱傳導，讓夏日室溫不再居高不下。

太陽帶來的熱力主要有兩種傳導方式：熱輻射和熱傳導。熱輻射是透過光線帶來熱；而熱傳導則是物品受熱後，熱力會從高溫處傳導到低溫處。因此若想解決建築物的受熱問題，簡單來說就是要不讓太陽照到，或是選用熱傳導率低的建材。

1 隔熱材質有效降低熱傳導：若是平屋頂，可於地面選用隔熱材質，像是隔熱磚等。其構成要素是以橡膠地磚與高密度PS發泡隔熱材，黏成一體成塊狀隔熱材，運用發泡隔熱材獨立氣泡阻絕空氣產生對流作用，而達到隔熱效果。橡膠隔熱磚可隔絕熱的傳導，也讓水泥地不直接面對陽光熱源，進而達到降溫作用。

2 運用植栽、棧板或黑網，讓屋頂不被陽光直射：直接在屋頂擺放盆栽，能減少陽光直接照射建築物，以阻絕熱輻射。除此之外，也可於盆栽下方放置木棧板形成空氣層，空氣層是不良的導熱體，能減緩熱能傳導速度，進而讓空間不容易變熱。另外，在平屋頂的房子也可使用園藝用黑網鋪蓋，這些同樣都是運用空氣層降低熱傳導的原理。在選購黑網時，建議選擇園藝用黑網較耐用，不過當颱風天或下雨天時仍需要收起以免損壞。

黑網和植栽減少陽光直射屋頂的可能。
家裡變涼快了！
木棧板形成空氣層。

Questions 003

由於臥房是北向開窗，冬天容易很冷，聽說在牆內增加隔熱材或是使用雙層窗都能保溫，是真的嗎？

是真的。藉由與透過隔熱材或雙層窗的保護，熱能不致快速散逸出去，使室內維持在一定溫度。

不論是想隔熱或保溫，都可在牆面運用隔熱材與空氣層等介質，有效區隔內外牆以阻絕外界熱量進入，或是室內溫度向外散逸。當室內熱能從內牆傳遞至隔熱材時，基於隔熱材的熱傳導係數低的緣故，使得熱能難以傳遞出去，得以保留大部分的熱能，有效維持室內溫度。

若本身牆面未裝設隔熱材，也可於受風面的牆上安裝雙層窗或是櫃體，也能有效保溫。安裝櫃體的原理在於利用櫃體和牆面之間的空間，形成一個空氣層，讓溫度不會快速散逸。此方式也可同樣用於西曬的牆面，使室外的熱能難以進入，有效降低室內溫度。

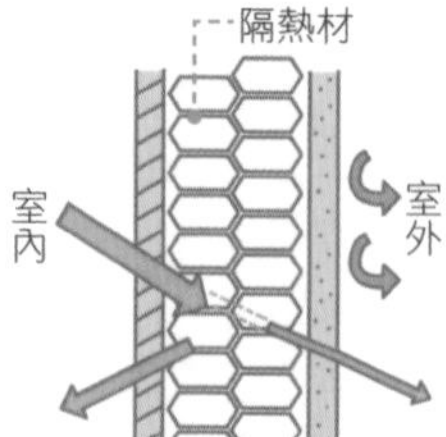

Questions 004

不同的屋頂花園設計，隔熱效果會不一樣嗎？

綠屋頂設計可分為盆缽式、花架式、薄層式，隔熱效果依序為薄層式＞盆缽式≒花架式。

目前常見屋頂綠化型式可分為盆缽式綠化、植物攀附網、花架式綠化、傳統花台、薄層綠化等。

1 盆槽式綠屋頂：使用盆器種植植物，施作難度低，但種植的種類多為低矮花葉，若要達到有效隔熱，需要種植中型樹木，因此隔熱效果較不顯著。但要注意的是，盆栽擺放太多，也會有樓板承重過重的問題，不可不慎。

2 花架式綠屋頂：架設棚架供給植物攀爬，施作難度低，而且整體重量較輕。其隔熱原理是利用花架的遮蔭效果，減緩熱能進入，同時花架與屋頂地面之間保有一段距離，形成空氣層，有效阻絕熱能傳遞至地面。

3 薄層式綠屋頂：在屋頂上鋪設10～25公分的輕質介質種植。其隔熱的原理在於有厚實的土壤層覆蓋在屋頂表面上，可以增加熱阻，成為建築屋頂隔熱的一部分，而滯留在土壤內的水分更可提高土壤的平均熱容量，延緩熱量進入室內的時間。此外，植物葉面提供的日射反射與遮蔽效果，也使得土壤層的表面溫度遠低於裸露的一般屋頂，這效果在葉面密度高、種植間距密的情形下更為顯著。因此可以大幅減低室內日間的空調耗電量，有助於空調節能。

但此施作方式的缺點是整體重量較重，因此若想在老舊建物上施作，需要評估建築的承重是否足夠支撐。同時在規劃時，也需要完整的排水、防水計畫，避免造成漏水問題。

各類型綠屋頂優缺點比較

型式	盆槽式綠屋頂（中淺盆）	花架式綠屋頂	薄層式綠屋頂	薄土庭園式綠屋頂	屋頂水生植物池
優點	1 可自由變換位置。 2 施作難度較低。 3 較無漏水問題。 4 盆栽獨立性。高，建議可以選擇多樣化的物種，增加生態豐富度。	1 重量較輕。 2 設置費用較低。 3 較無漏水問題。 4 下方空間可提供其他用途使用，容易創造公共使用功能。	1 容易營造生物棲息空間。 2 容易創造各種公共使用功能。	1 便利複式植栽，故容易模仿當地的植物社會。 2 容易營造生物棲息空間。 3 容易創造各種公共使用功能。	1 可營造濕地環境。 2 容易營造生物棲息空間。
缺點	植物配置的設計性較差。	1 植物的選擇種類較為受限。 2 較難以模仿當地的植物社會。	1 重量偏高。 2 對於防水的需求性高。 3 工程較為複雜。		
屋頂荷重	以15cm中淺盆計算：185kg/m²	20～40kg/m²	170～400kg/m²	180～500 kg/m²	以25cm計算：300～400kg/m²
單價（皆以100 m²計）	NT.3,200～4,800元	NT.2,500～3,500元	NT.3,800～6,000元	NT.5,000～8,000元	NT.2,500～8,000元

資料提供：台灣綠屋頂暨立體綠化協會江育賢副秘書長

Questions 005

想在頂樓做花園來隔熱，但是怕有重量太重和漏水的疑慮，要怎麼設計比較好？

先請建築師和結構技師評估樓板承重，再決定使用哪種型式的綠屋頂，避免樓板過重，影響建築結構。

1 樓板承重限制：設計綠屋頂時，須考慮屋頂樓板承重限制。選擇的植物類別以及土壤層設計的不同，均會增加樓板承載重量，進而影響到樓板載重安全。關於樓板載重的規範，可參照《中華民國建築技術規則》，一般住宅樓板最低活載重需達 200kg/m^2，而屋頂露臺之活載重則較室載重減少 50kg/m^2，但公眾使用人數眾多者不得少於 300kg/m^2，以免造成建物之主體結構安全影響。

一般若是考慮樓板載重，老舊建築並不建議選用薄層式綠屋頂，除非是新建築物有較高載重設計，才適合選用。老舊建築一般建議選用盆缽式（且範圍不宜過大）或花架式，對於屋頂荷重較輕。

2 排水、防水措施：建築物的屋頂通常會有水塔與大量管線的設置，屋頂施作綠化後，這些管線可能

屋頂樓板活載重至少需有 150kg/m^2。

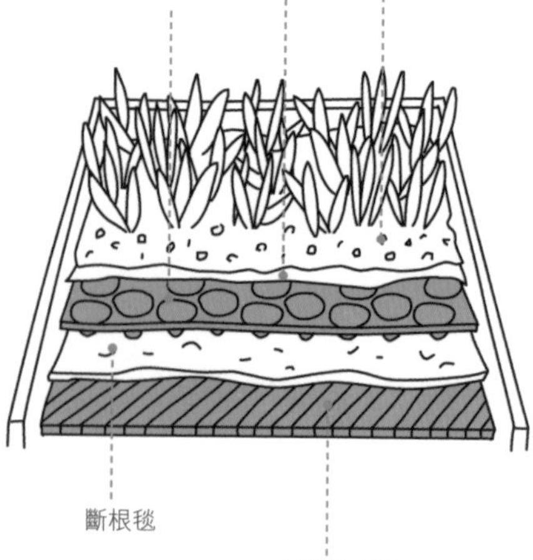
植栽土壤層
不織布
排水板
斷根毯
屋頂防水層

插畫＿張小倫

必須重新安置。另外，因土壤介質會吸納大量的水分，若沒有事前作好防漏規劃，當水滴下漏時便會讓天花板受到損害。

建議施作時，先於地面做一層防水，塗上水泥作為保護層，再放排水板。排水板上方會先鋪上能透水又能保土的不織布，讓水能排出但不會流失土壤，最後再覆土上去。而排水管的設置，則需考量基地的高程來安排，分別往最近的排水孔拉線，將水導引至低處。

一般舊建築物頂樓防水層大多不佳，容易有滲漏水問題，建議選用盆缽式或花架式綠屋頂，比較無漏水問題。

3 設置時需加強固定：由於台灣一年到頭都有強勁的季風吹拂，夏秋兩季更有颱風的來襲。綠屋頂設置時必須考量周邊圍牆高度、植物高度與介質成分，並對屋頂風向與風力進行評估。同時應注意容器、花架及植株固定，才能避免因強風吹落，危及鄰近住家和行人安全，且需加強注意植物生長速度，或視情形增加補強措施，以防範危害。

裝修小辭典

活載重

包括建築物室內人員、傢具、設備、貯藏物品、活動隔間等相加之重量。樓板的承重度需能夠負荷。

Questions 006

在屋頂或頂樓地面塗上隔熱漆或冰冰漆可以有效隔熱，是真的嗎？

有一定程度的效果，一旦漆面有髒汙，則會降低隔熱效果，需持續清潔維護。

冰冰漆或隔熱漆的原理在於，利用光線折射的特性，加強漆面的折射率，讓光線不致停留在建築屋頂上，而達到減少熱能的效果。一般來說，由於白色的折射率最高，因此隔熱漆皆以白色為主，根據研究顯示，黑色的屋頂只能反射約10～20％的陽光，至於白色屋頂則可以反射70～80％的陽光。

而近期隔熱漆透過奈米技術，讓漆料有效提高光線折射率，使降溫效果更明顯。塗佈隔熱漆的建物表層與未塗佈的相比，表層溫度至少有6～15℃的差距，室內溫度甚至可達5～10℃。但此類漆料的缺點在於，時間一久，表層會因為髒汙變色而影響光線的折射率，進而降低隔熱效果，因此需要定期的保養，每年須用水簡單刷洗，並適時補漆，在維護保養上需多花心思。

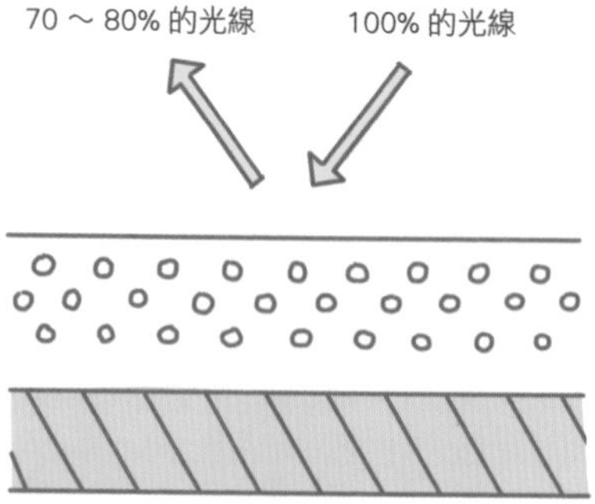

隔熱漆的原理在於陽光遇到白色漆面後反射，藉此減少熱能的傳導。

Questions 007

聽說有些玻璃可以隔熱，要怎麼選才對？

可選用複層玻璃或熱反射玻璃，都能有效降低熱能進入室內。也可在一般玻璃貼上隔熱膜。

太陽光除了可見光之外，還有紫外線、紅外線等光譜；其中，佔了50％的紅外線是熱能的主要來源。因此，窗材的隔熱關鍵就在於排除紅外線。一般的建築用玻璃，太陽熱輻射的穿透率超過80％，紫外線的穿透率也超過30％。若能降低紅、紫外線的穿透率，就能有效避免長驅直入的陽光加熱室溫。

以下簡介市面上常見的、訴求隔熱效果的玻璃產品。

1 熱反射玻璃：也就是在一般清玻璃的表面鍍上一或多層的金屬、非金屬及氧化物薄膜來反射陽光，反射率可達30%以上。不過，熱反射玻璃也因此透光率變得很低，導致室內陰暗。且，熱反射玻璃會反光，形成對週遭鄰居的光害。

2 複層玻璃：又叫做中空玻璃，俗稱隔音玻璃，有隔熱、隔音、防潮、節能的效果。通常為雙層或三層玻璃，在玻璃之間灌入惰性氣體或做成真空；藉由玻璃層之間空氣無法對流來阻絕熱能的傳遞。

3 低輻射隔熱雙層玻璃：或簡稱低輻射玻璃（Low-E），俗稱節能玻璃。這種玻璃是在複層玻璃的中間再加入三層薄膜；中央的那層薄膜Low-E，內外兩層則為PVB膜。這可以阻絕的紫外線和紅外線卻保留光線的穿透。隔熱率約近7成，透光率則為6成。它比複層玻璃擁有更佳的節能效果。反射率也低。

4 隔熱節能膜：這種貼膜藉由可透光的奈米塗層反射紫外線及紅外線等光波，僅保留可見光。但目前產品良窳不齊。宜選擇透光率、反射率較高的產品。

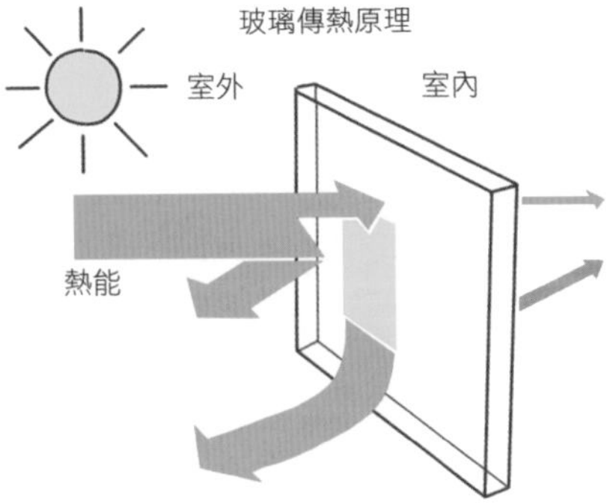
玻璃傳熱原理
室外
室內
熱能
一般玻璃的導熱與隔熱。

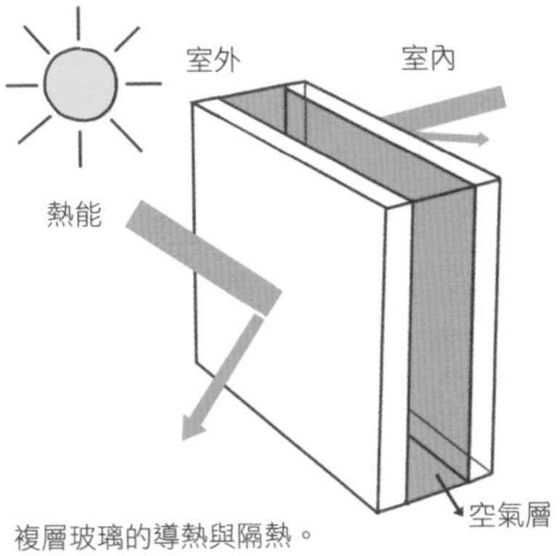
室外
室內
熱能
空氣層
複層玻璃的導熱與隔熱。

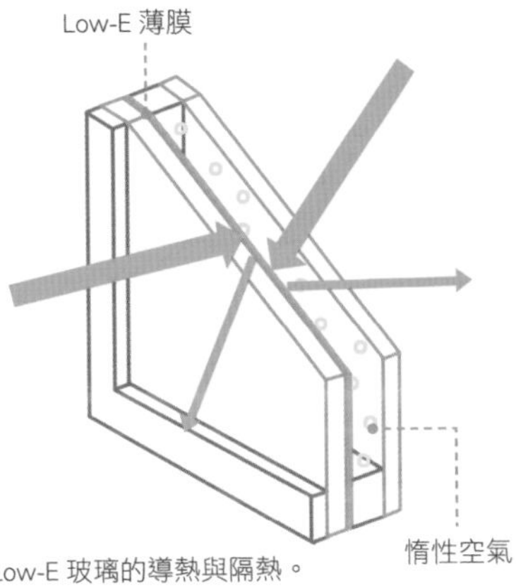
Low-E 薄膜
惰性空氣
Low-E 玻璃的導熱與隔熱。

Questions 008

開了天窗，但是又怕太陽直射，室內溫度變更高，該怎麼設計可以解決這困擾？

選用可開式的天窗，讓熱氣有效散出，或是另開一扇窗增強通風對流帶走熱氣。

通常會在房子設計天窗，大多是希望能增強室內採光，但除了顧及採光的需求，也需要考慮散熱的問題。水平式天窗採光的方式，的確易造成室內熱負荷的增加。因此在運用天窗採光時，需利用間接的反射作用，才能獲得無熱晝光。尤其在炎熱的台灣，屋頂導光一定要採北向採光，將直接日射去除，否則會引來日射熱負荷，反而增加室內空調負擔。

在規劃換氣動線時，有三個重要的原則：有入有出、熱上冷下、活用導流。總之，不要讓空氣留滯阻塞，並充分引入新鮮空氣，才能使家中環境更清爽。一般來說，熱氣會積蓄在天花屋頂，建議可選用電動式天窗，直接排出熱氣，讓溫度不再持續升高。另外，上方靠近屋頂的牆面另開排氣窗、或是增加抽風扇，都能有效帶走熱氣。

除了運用通風的原理，讓熱能散逸之外，也可運用阻絕熱能進入的方式，像是在天窗外部做遮陽，擋住西側和南側陽光避免過度直射；或者天窗材質選用 Low-E 複層玻璃，這樣都能有效阻隔熱傳遞的速率，讓熱氣不會快速進來。

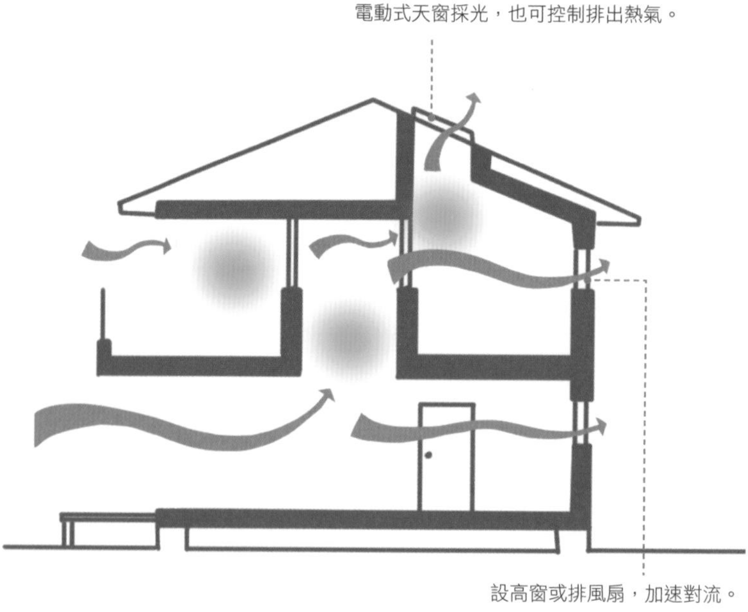
電動式天窗採光，也可控制排出熱氣。
設高窗或排風扇，加速對流。

Questions
009

我家是透天厝，想要重新裝潢外牆，讓它不再發燙，可以怎麼做呢？

可在外牆施作植生牆或是安裝木格柵，阻擋陽光直接照射；同時塗上隔熱漆、內裝隔熱材減緩熱傳遞的速度。

想減少室內機械空調的耗能，首要可從加強建築外殼隔熱做起，建築物不再熱得發燙以後，不但可以提升室內環境舒適度，也能降低空調的使用，進而做到節能減碳之目的。一般常見的建築物外牆多為混凝土牆，夏天易產生有白天吸熱、晚上放熱的現象，使得室內空氣一直維持高溫悶熱。想要建築節能且不再發燙，必須得在外牆多做一道防護。以下將介紹常見的使用方式：

攝影＿Yvonne　建築設計＿前置建築 Preposition Architecture

木頭的導熱速度慢，牆上加裝木格柵也能有助阻擋熱源。

1 外牆使用明亮的表面材：牆面的隔熱原理不外乎減低熱傳導及阻擋陽光的熱幅射，使用明亮的表面材料能增加光線的反射率，像是白色牆體或是塗上隔熱漆。以目前來說，礙於結構和經濟性的關係，外牆多使用二丁掛的磁磚考量防水問題，但其隔熱效果較不顯著。

2 外牆搭建木格柵或植生牆：外牆使用的材料應能盡量減少外界熱量侵入室內為必要條件。因此，在外牆種植藤蔓植物或加上木格柵，擋住陽光不使其照到建築物上，能降低熱輻射。但是要注意的是植生牆在照顧維護上必須多費心力，以免植物生長狀況不佳，反而失去原本效用。

3 外牆內部使用隔熱材質：透過隔熱材的保護，有效阻擋熱能進入，使室內溫度不致快速升高。

Questions 010

蓋雙層屋頂不但能防止漏水，也能有效隔熱，是真的嗎？

雙層屋頂是在原有的平屋頂或斜屋頂上，再加上高約1.5公尺的屋頂，透過雙層的保護能夠有效減少熱能進入，同時也能解決原有建築漏水的問題。

在原有的屋頂上，再架設第二層屋頂，使得原屋頂上能夠避開日光的直接曝曬。為了使阻熱更有效率，建議第二層屋頂的表面選用白色，經過光線的折射，減少熱能的存留；同時兩層屋頂之間留出適當距離，形成空氣層，由於空氣是不良的熱傳導體，因此能減緩熱能傳遞至建築物上。同時，雙層屋頂的保護，能讓雨水不致快速滲入建築體，有效防止漏水情形。

不過要注意的是，並不是每棟建築都能架設雙層屋頂，房屋年齡需達二十年已上，且經過專業技師或建築師核定確有漏水問題，才能申請施作。目前在台北市、新北市等地已經有立法規範雙層屋頂的施作方式和限制，建議欲施作雙層屋頂前，需向當地的建管單位諮詢，以免觸法。

屋頂塗白漆，
增加光反射。
雙層屋頂內有空氣層，減緩熱能傳遞 。

Questions 011

裝設防盜窗的後陽台，再加上鄰房冷氣所排出的熱氣，使得後陽台變得很熱，即便打開窗戶，也無法有效降低溫度，要怎麼解決才好？

窗戶改為推射窗，並留下上方的氣窗，增加開窗面積；同時利用機械通風強制排出熱氣，以降低溫度。

目前許多住家為了安全、防風雨和隱私的問題，經常在陽台裝設防盜窗，若再安裝空調的室外機，密閉空間加上空調熱氣盤據，使溫度居高不下。

因此為了能有效降溫和通風，建議裝設窗戶時留住上方的氣窗，並改用推射窗擴大開窗面積。並在窗戶上安裝抽風扇強制排風，加強排出熱氣的效率，以自然通風加機械通風營造雙倍的加乘效果。

Questions 012

廁所濕氣重，雖然加了兩台抽風機加速除濕，但天花板還是有發黴的樣子，是哪裡出了問題？

很可能是抽風機的排風管並未接到管道間排出，或是排風管與管道間有缺口，造成濕氣滯留於天花處。另外也有可能是天花板材質本身無防潮的功能，或天花漏水滲入造成的。

由於衛浴是整體空間最需要留意通風和濕氣的地方，若是除濕做得不好，容易造成濕氣排不出去，讓空間滋生黴菌。因此若發生了天花板發黴的情形，建議可照以下項目逐一檢測，以找出問題所在。

1 先檢測排風管是否有確實接到管道間：有些不肖廠商在施工時未將抽風機的排風管接至公共的管道間，而是僅接到天花板內，濕氣未向外排出，滯留在天花板內，造成天花板發黴的情形。若發生未接至管道間的情形，建議盡快補接；或是選擇當層排放，直接在牆面洗洞，接上管線後排出室外。

2 確認排風管與管道間是否有缺口：若排風管有接至管道間，則檢測接縫處是否有缺口，導致濕氣外露。若有缺口則用矽利康或發泡劑等材料補滿。

3 檢查天花板是否有漏水：檢查天花板是否有裂縫，造成滲水情形。若有滲水，則需重做防水。另外也可檢測管線是否有破洞漏水之虞。

4 確認天花板材質是否具有防潮功能：通常衛浴的天花板建議使用 PVC 板材，PVC 的材質耐潮性較高，也有防火功能，不過施作起來較不美觀，有些人會改以實木天花或矽酸鈣板施作，這兩種材質的防潮性不高，建議盡量不使用，若有需要則實木需做好防腐防潮處理，矽酸鈣板則需塗上防霉漆為佳。

Questions 013

我家有反潮的現象，想開窗加強通風帶走濕氣，但牆面反而凝結更多水氣，這是為什麼？

應緊閉南面的門窗，並加開除濕機、電風扇等，減少濕氣增加室內通風。

所謂的反潮，當天氣炎熱，土壤內含的水氣會上升，進而滲入建築的地板，如果室內溫度較低，樓板內含的水氣就會在地板表面凝結而形成反潮。由於來自土壤的濕氣沒辦法升至二樓以上的高度，所以有蓋地下室的房子不會出現反潮，二樓以上的樓層也不會有反潮。同時，在春天時，若連續幾天溫度較低，突然隔天溫度升高，與低溫的建築物形成溫差，造成水氣凝結，也就是常見的「結露現象」，再加上有溫暖潮濕的南風，空氣的濕度增加，室外濕度大於室內，一旦開窗，濕氣便從室外進入，使得牆面、天花甚至是樓板產生多餘的水氣。因此，若要減緩反潮現象，則有以下方式：

1 **緊閉門窗、開除濕機：**需緊閉南面的門窗，避免豐沛的水氣進入，並開啟除濕機降低室內濕度。

2 **讓建築升溫：**開暖氣或空調讓室內升溫，減緩室內外的溫差，去除結露的條件。

3 **拖地、開電風扇：**加速水氣蒸發散逸。若想利用抽風扇排除濕氣，則切記抽風的方向應由室內往室外。

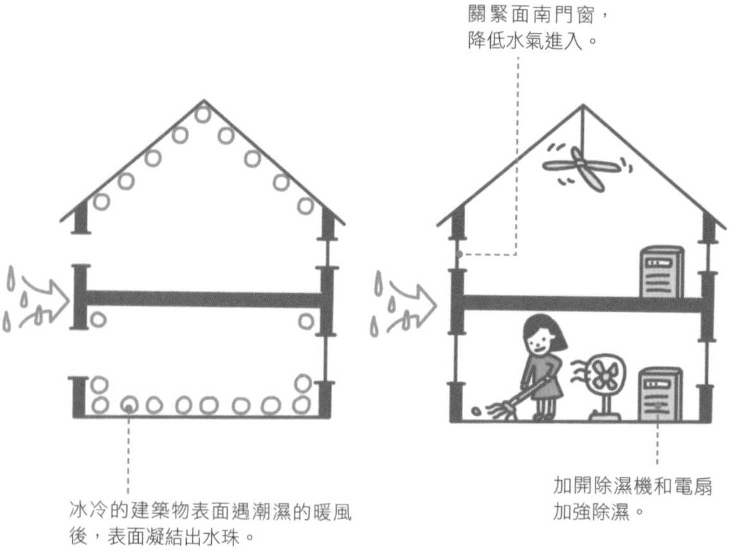
關緊面南門窗，
降低水氣進入。
加開除濕機和電扇
加強除濕。
冰冷的建築物表面遇潮濕的暖風
後，表面凝結出水珠。

Questions 014 家裡廁所沒有對外窗，即便有了抽風扇，還是顯得潮濕，有什麼解決的方法呢？

若預算夠的話，建議更改格局，將衛浴空間移至有對外窗的地方或西曬處，利用自然光有效祛除濕氣。或是安裝暖風機，加強除濕烘乾功能。

衛浴不開窗、沒有通風和日曬，就容易濕氣過重而影響生活品質。因此想要有舒適乾爽的衛浴空間，在規劃格局時，就要將衛浴設在有對外窗的地方，保持空間的通風；若是空間條件許可，建議可將衛浴設於西曬處，充分的陽光能快速祛散水氣，也有殺菌的天然功能。

另外，若是無法變動衛浴格局，在既有條件下，將衛浴改成乾濕分離的設計，再將抽風扇換成暖風機。乾濕分離能有效控制濕區範圍不變大，再加上暖風機基本上會有整合換氣、乾燥、涼風、暖房等功能，能在短時間內讓空間乾爽。須注意的是，若是老建築，建議安裝暖風機前，評估天花板的承重是否足夠，以免造成掉落意外。

Questions 015 我家位於容易發生反潮的新竹，選用什麼地板材質可以降低反潮現象的發生？

選擇地板材質的順序為實木地板＞水泥地＞磁磚或石材。

大部分會發生反潮現象的多在一樓，主要是土壤水氣經過陽光曝曬後蒸發上升，碰到冰冷的地板就凝結成水氣，若是用磁磚或石材類的地板升溫較慢，因此就容易凝結成水珠，嚴重時表面還會積一層水；再加上吹南風的影響，使得空氣中有豐沛的水含量，使牆面或天花也會有濕濕的感覺。因此若是住在較容易發生反潮的地區，在地面材質可選用實木地板，能夠調節溫濕度，降低溫差避免水氣凝結；而為了預防土壤的水氣，建議可在裝設木地板時，放上備長炭加強除濕。

Questions 016

想要阻絕一樓的反潮情形，有什麼施工方式可以解決？

一般來講，在蓋房子時就要做好防水處理，以阻斷土壤的水氣來到樓板。

要避免反潮，方法其實可以很簡單！當打好地基之後，在鋪設一樓的地板之前，先於下方鋪設一層PE布，就能達到防潮之效。以前，台灣的建商多半也會如此做，現則未必；因為，大部分建築物都會蓋地下室或在地板下面鋪設防水層了。施作時，PE布會留有一些伸縮空間。不過，就算這層PE布有點破洞也無妨，因為它只是阻斷水氣，而不是截斷水流。如果住進去才發現自家地板會反潮，只有打掉樓板的地磚，重新鋪設防水層。

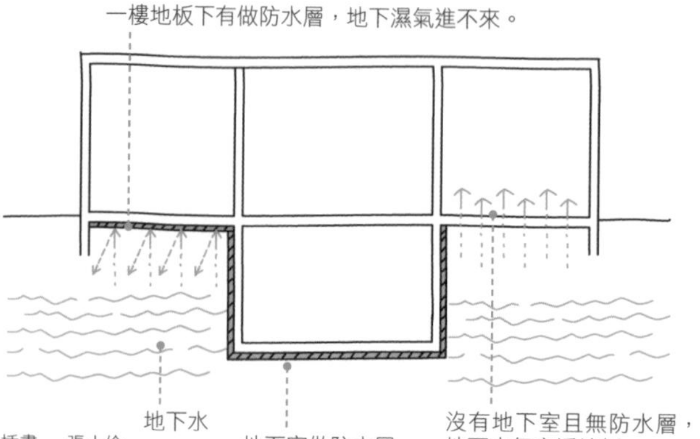
一樓地板下有做防水層，地下濕氣進不來。
地下水
地下室做防水層
沒有地下室且無防水層，
地下水氣穿透地板。

插畫＿張小倫

Questions 017

家裡濕氣一重整個人就感到很不舒服，有什麼設備可以控濕調溫呢？

可裝設地暖系統，暖房、舒適一次到位。

室內空間過於潮濕會影響空氣品質，除了調節室內濕度，控制溫度也很重要。逐漸在台灣打開市場的「地暖系統」（Floor Heating），將地面進行改造，使其成為一個大型熱對流器，利用熱空氣往上升的自然現象，將熱氣集中在活動空間，使用感到溫暖。演拓空間室內設計主持設計師張德良表示，過去地暖系統多推行給家中有長者、小孩的業主使用，但隨地暖技術越來越進步，其既不佔空間，當地板加溫與空氣進行熱對流時，又能保有空氣中的水分子，可讓整體感到舒適，近期越來越多住戶選用。

Questions
018

家裡地下室長期有著潮濕的問題，常常有霉臭味，因此想大大整修一番，有什麼裝潢的方式可以解決呢？

若是整棟的透天厝，建議可在地下室旁開闢空地引光，或是利用天井增加採光，祛除濕氣。若為一般公寓大樓，則建議利用機械通風、除濕機等加強排濕。

地下室之所以經常有潮濕、霉臭、通風不良的問題，原因在於地下室位於建築結構中的底層，對外窗少或甚至沒有裝設，陽光照不進來，空氣也不流通，就容易產生水氣窒礙的現象，形成霉臭味。同時地底土壤中的水氣經過陽光曝曬，會向上蒸散，地下室的空間就首當其衝，使得空間濕度就容易向上攀升，讓地下室老是充滿濕氣。

因此若想解決地下室的潮濕和通風問題，建議開天井增加採光是最好的解決方式，為空間注入自然陽光，有效祛除濕氣。而天井也可作為通風的管道，同時利用機械通風，加強空氣流通。好的通風規劃，能藉此帶走濕氣，降低潮濕問題。

若本身無法大整格局，則建議在牆面高處裝設排風扇，加強排濕和對流，同時開啟除濕機，並勤於換水，讓機器保持在良好的除濕狀態。

Questions
019

冬天過於潮濕常開除濕機，但電費容易過高，室內又容易通風不良，有沒有什麼方法可以管控，讓除濕機可以不用天天開？

室內濕度控制在40～70％是最佳的狀態，此時就可以不用開除濕機，開窗通風即可。

台灣北部經常冬雨綿綿，需要依靠除濕機排濕，但使用時，又必須將門窗緊閉，以免室外濕氣不斷進入，無法達到原先的效用。長期使用下來，不僅耗能又無法通風。

因此若想管控除濕機的開啟時機，建議可用添購溫濕度計放在室外測量，一般來說，保持室內濕度在40～70％，是人體感受最舒適的狀態，此時可不用開啟除濕機，這樣的濕度也能排除黴菌和細菌滋生。當室外濕度在70％以下，且室內濕度大於室外濕度，水氣擴散的方式會由水氣多流向水氣少的地方，可直接開啟門窗採用自然除濕的方式，帶走室內濕氣。但要注意的是室外濕氣若大於室內，不可開窗，以免增加室內濕氣。

Questions 020

我家在7樓，颱風天一過，天花就出現一塊水漬，發現是頂樓積水久久未退造成的，這是哪裡有問題？

可能是洩水坡度沒做好，或排水孔堵塞，導致積水不退，使得水氣往下滲漏。

屋頂基本上都會做所謂的洩水坡度，目的在將雨水導引到四周的排水導溝內。頂樓在做排水時，要特別注意開孔的地方，也就是排水孔的入水處。一般排水孔是平的，但屋頂的排水孔要選擇所謂的「高腳落水頭」。高腳落水頭是高凸起來的，戶外被雨水沖刷下來的葉子、泥沙等雜物較不易堵在入水口，否則一旦堵住了，馬上就有積水現象出現。但除此之外，就是要定期打掃，將入水口的雜物泥沙打掃乾淨。值得注意的是，排水口周遭是水流聚集之處，排水口與壁面接縫的地方同時要做好防水措施，才不會讓水反而從這裡的縫隙滲入，造成漏水問題。

Questions 021

只要有下雨天，窗戶四周就容易滲水進來，是哪裡出了問題？

可能是窗框四周的防水未做確實，導致雨水從縫隙進入。

窗台四周的防水施作若沒有處理完全，下雨時，雨水便容易從窗台縫隙滲水至室內。防水漏洞的主要原因，可歸納為四種：

1 **外牆防水未做確實，或未塗防水劑：**建議在外牆重新塗上防水層，讓雨水不滲漏。

2 **窗緣間隙的矽利康老化脫落或龜裂：**可重新填補矽力康，加強窗框四周的防水。

3 **窗緣水路未確實填滿，牆內形成空隙，久而久之遇雨就滲水：**可打入發泡劑，填補空隙。

4 **窗緣下方的洩水坡度沒有做足，讓積水滲入：**窗台下方應做出洩水坡度，讓水導出，此時需重新施作窗台。

Questions 022

衛浴是最容易受潮的地方，為了避免事後補救的麻煩，在一開始施工時必需要注意哪些事情呢？

在開始建造時，注意衛浴的防水層是否有做確實完善。

插畫＿張小倫

浴廁防水層的施作範圍包含浴廁的地坪及牆面，施作的面積除了地坪需全面施作防水層外，牆面的部份則可視用水情況施作，一般有淋浴設備的衛浴空間建議至少需從地面往上施作 180～200 公分以上的防水層。若浴廁是以磚牆隔間時，防水層施作必須從底部至天花板做滿為止，防水層的施作通常是以彈性水泥在貼磚前預先施作至少要做兩層為佳。

Questions 023

一般市面上抓漏的報價大約是多少呢？

費用依案型的施作難易度而定。

每個屋案漏水程度不同，無法很明確計算，加上防水止漏的施作往往須結合泥作工程的進行，必須實際勘察現況才能進行計算估價。簡單地說，扣除泥作工程的費用，一般使用彈性水泥約 NT.1,500 元／坪、PU 塗佈約 NT.2,500 元／坪、止水針約 NT.500 元／針（連工帶料）。

Questions 024

頂樓洩水坡度的設計沒問題，為什麼還是常常積水呢？

可能是隨著引力的關係，樓板中央會略微沉陷，水流無法沿著原先設計的洩水坡度留出，造成積水的情形。

在台灣，頂樓落水頭一般設置在屋頂的角落，其實不是明智的作法。一來防水層遇到轉角施作難度較高，失敗率也高，二來是結構體完成後，隨著地球引力與物理性，樓板中央會微微沉陷，造成原本設定的洩水坡度失效，水非但不往四周流洩，反而積在樓板中央，而無法排出的積水一旦樓板有縫隙，水就自然向樓下找出路了！

不論是不是木構造建築，在年降雨量高的區域，斜屋頂設計仍然是提高排水效率經濟而有效的作法，在台灣斜屋頂的斜率為3：12～4：12之間為佳，若屋瓦釦件品質佳，稍緩也無所謂。

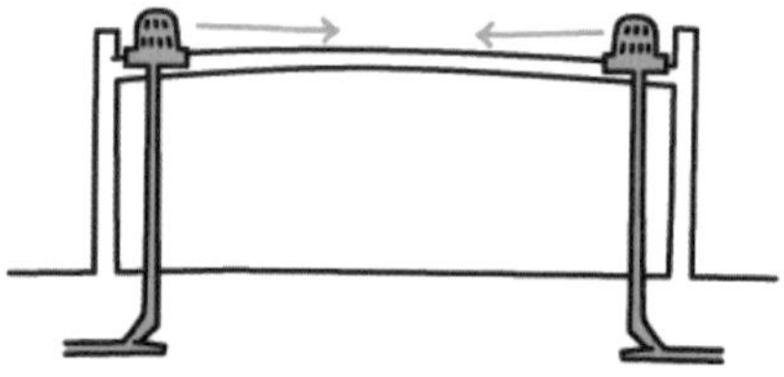

原始設計

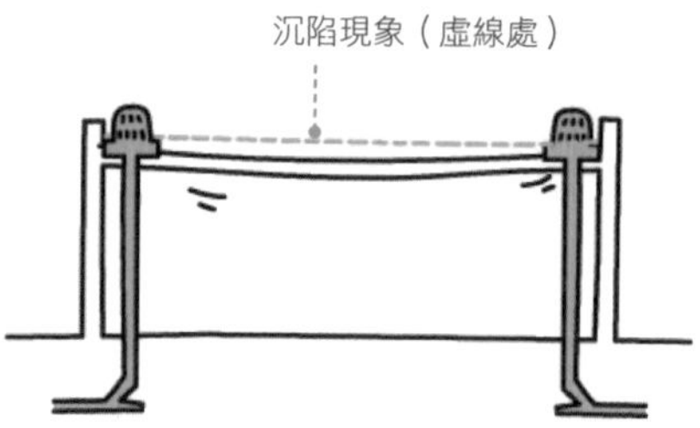

沉陷後

插畫＿張小倫

Questions 025

平屋頂和斜屋頂在排水和防水的施作方式上有什麼不同？要怎麼做才能預防滲水呢？

這兩種屋頂在防水上大致相同，都需施作防水層。而斜屋頂本身就利於排水，主要注意屋簷的導水溝需做集中的設計；平屋頂則利用洩水坡度加強排水。

1 斜屋頂：斜屋頂就是在於可利於排水。另外，屋簷最好出挑，並在邊緣加設集中雨水的溝槽，避免外牆被淋濕。若屋頂鋪瓦片，上方都要鋪一層以上的防水毯，避免雨水滲入瓦片縫隙。

2 平屋頂：平屋頂的防水作法基本上跟外牆是一樣的，但是頂樓因為會有積水的問題，所以防水等級要更高，在建築結構完成後先鋪上防水層，通常還會加上好幾層的玻璃纖維網，之後再以表面做PU防水覆蓋，如此才能加強防水效果並延長防水層的壽命。此外，在防水層的收頭處，一般在女兒牆及地面轉角的地方，防水施作必須高出鋪面層至少高20公分以上，以無接縫的防水施作，才能達到最佳的防水效果。

要特別注意的是頂樓的積水問題一旦產生，絕不能坐視不管，否則積水會循著任何孔隙鑽進壁面中，大幅增加室內漏水發生的機率。

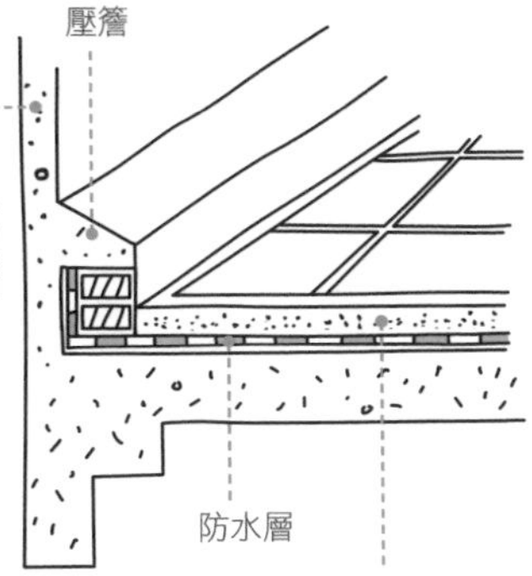
壓簷
女兒牆
防水層
保護鋪面層
插畫＿張小倫

Questions 026

我想在室內鋪木地板，但木地板怕潮濕，該怎麼做防潮呢？

在鋪木地板前，確實鋪上防潮布，若條件許可，可放上備長炭加強除濕。

在室內鋪木地板，接觸混凝土地面的角料一定要經防腐處裡，否則容易腐爛。也可在角料之間放入備長炭加強除濕，調節水氣。若是平鋪式的海島型木地板，因無角料架高，夾板直接接觸地面層的話，夾板與混凝土地面之間的防潮布絕不可省略。雖然防潮布薄薄一層看似不起眼，但它卻可以有效阻斷濕氣與木料接觸。

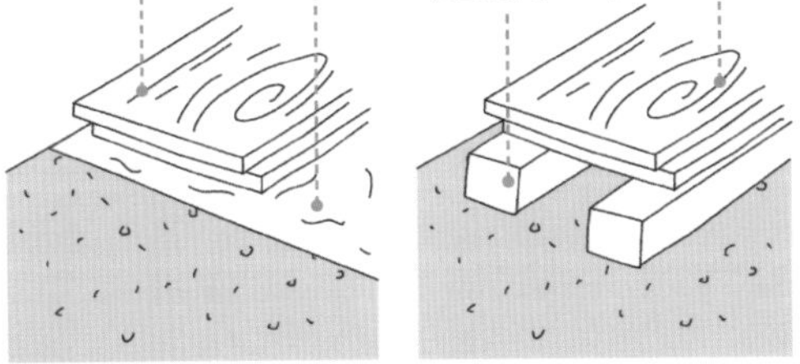
木地板
防潮布
角材
（經防腐處理）
木地板
插畫＿張小倫

Questions 027

想蓋雙重屋頂根治頂樓老屋的漏水和悶熱問題，但有人說這是違法的，是真的嗎？

目前已有法令規範斜屋頂加蓋細則，只要遵照法令內容施作，加蓋斜屋頂並不違法。但各地方政府的規範不同，建議需向當地的建管處詢問詳細法令。

目前已有法令規範斜屋頂加蓋細則，只要遵照法令內容施作，加蓋斜屋頂並不違法。但是各地方政府的規範不同，建議需向當地的建管處詢問詳細法令。

以台北市為例，根據《台北市免辦建築執照建築物或雜項工作物處理原則》（第二點第十八款條文），其規範如下：

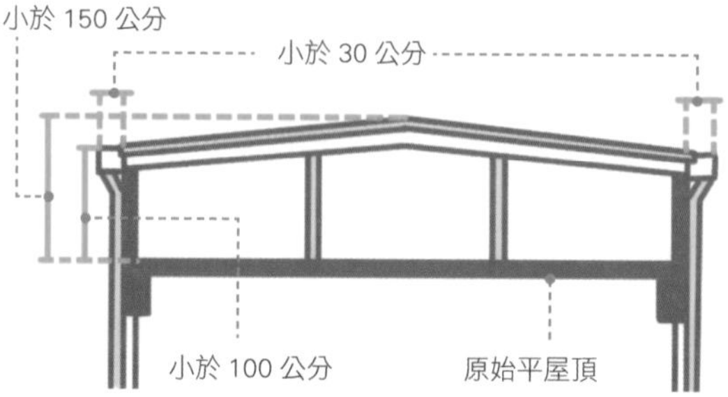

項目	規範內容
設計限制	1 四周不得有壁面或門窗。 2 屋頂平台面對道路或基地內通路需留出空間作為避難場所，且上方不得有屋頂設置。避難空間的面積應大於屋頂面積八分之一，且不小於三公尺，與樓梯間出入口間並應留設淨寬度一．二公尺以上之通道。但無樓梯間通達者，得免留設。
斜屋頂尺寸	1 從屋頂平台面起算，屋脊高度小於 150 公分，屋簷小於 100 公分或原核准使用執照圖樣女兒牆高度加斜屋頂面厚度。 2 斜屋頂不得突出建築物屋頂女兒牆外緣。但屋頂排水溝及落水管在基地範圍內，且淨深小於三十公分者，不在此限。
可施作的建築物資格限制	1 限建築物為五樓以下平屋頂，建造逾二十年以上或經依法登記開業之建築師或相關專業技師鑑定有漏水之情形，且非建築技術規則建築設計施工編第 99 條規定應留設屋頂避難平台之建築物。 2 需取得公寓的管理委員會和大樓內每戶住戶同意始得申請建造。
使用材料	非鋼筋混凝土材料（含鋼骨）及不燃材料。

Questions 028

為何有壁癌的產生？對人體的影響為何？

可能是當初建築的材料選用錯誤，或是防水層沒做好，造成滲漏並形成嚴重的壁癌。

壁癌的產生是外在漏水現象的一種，同時也是內在水泥製品劣化過程的一種現象，在學術上稱為白華現象。容易產生壁癌的內在因素主要有四種：

1 紅磚本身的吸水率太大，且含鹼量高。
2 所使用水泥的游離石灰太多。
3 所使用的沙含鹽量過高。
4 地下水的鹽份過高。

以上四種內在因素只要任何一種吸收空氣中的水分，就會產生壁癌。而在外在因素的部分則與建築本身的施工和結構有關，漏水的地方若沒有加強防水工程，久而久之也會因為建築本身的黴菌產生進而造成壁癌的現象。

壁癌可以說是影響住家健康的隱形頭號殺手。由於牆面含水率偏高，而導致住家環境充滿黴菌與塵蟎，特別是塵蟎是肉眼看不到的微生物，尤其喜歡在溫潮濕的地方繁衍，其排泄物及屍體，即是健康醫學中所謂的過敏原。久住其中，除了容易產生皮膚過敏等現象外，對於呼吸器官也會造成影響。所以壁癌現象不光是影響居家品質，也會影響居住者的身體健康，不可不做預防。

插畫＿張小倫

Questions 029

家中的地下室牆面總是有漏水與壁癌，請問要如何改善呢？

圖片提供＿演拓空間室內設計

建議重新施作防水層，從根本解決漏水壁癌問題。

造成壁癌主要原因是水氣滲透牆面，長期下來使得水氣、水泥跟空氣產生化學作用導致，然而地下工程防水設計多半以結構自身防水為主，較少因為牆結構自身防水抗滲能力不夠而發生壁癌，多半可能來自結構體的龜裂。

因此建議從治根做起：填補裂縫。先以壓灌注解決滲漏水，並打除粉刷層到見磚牆或RC層，使用無收縮水泥加防水劑粉刷，或直接使用彈性水泥，接著粗胚打底、細胚粉光，之後批土，砂紙磨過，最後再塗上抗霉、防霉性能的防水漆。此施工方法效果及成本最高，考量地下室濕氣重，此種治本方法最能有效改善地下室的漏水與壁癌。

裝修小辭典

無收縮水泥

顧名思義就是不會產生收縮的水泥，亦即水泥類中添加了膨脹劑與緩凝劑。一般而言，水泥硬化後體積會改變，一旦體積產生變化後，隨之而來的便是裂縫產生，而無收縮水泥則不會有此問題，且具有流展性佳、接著力強、自平性好（薄層施工不會鼓起）的特性。

Questions 030 為了避免買到會漏水的房子，在看屋時要注意哪些事情呢？

看屋時，不外乎仔細觀察外牆與室內的壁面。外牆要注意的就是牆面、樓板，再來就是窗戶邊，特別是窗戶周邊更是容易積水、滲水的地方。

室內則要看牆壁或地板是否有奇怪的水漬，木地板是否有發黑情形，這些都是屋內漏水的跡象。當然若有壁癌的狀況，也是明顯的徵兆。但因為看屋時，很多屋主都會重新作粉刷，這時很難用肉眼判斷出來。

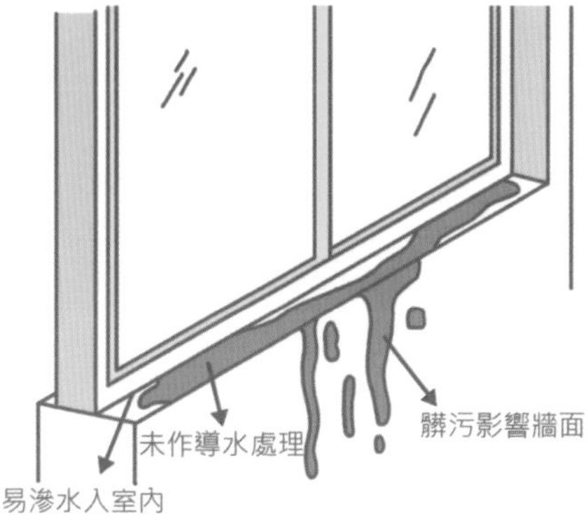

因此建議不妨在下雨天時再去看一次房子，並且詢問附近的鄰居，特別是樓上樓下的鄰居，看看屋內有無漏水問題。若是跟房屋仲介買房子，則事先要簽署防水履約保證，屋主有必須詳盡告知的義務。

Questions 031 為了隔熱，在頂樓加上斜屋頂，完工後不到一年，只要一下雨就有漏水情形，到底當初施工哪裡出了問題？

可能是新蓋的斜屋頂與女兒牆的接縫處未做好防水。

在進行增建的工程時，勢必得固定新增結構，不論是打鉚釘或用其他方式，都必須在原有結構上施工，進而破壞原有的防水層，雨水便因此從之間的縫隙進入。為了避免發生漏水情形，在施工時，斜屋頂與女兒牆之間的固定鋼架或鉚釘處，須再施作防水層。

Point 05

杜絕噪音，住家安寧又好眠

噪音來自四面八方，一般而言，40分貝以下的室內環境是安靜的，50分貝就開始感到不夠安靜，55分貝以上大部人會覺得吵無法入睡。尤其是都市中面臨大馬路旁的住宅，一整天的車水馬龍，更是容易讓人精神緊繃。但是裝了氣密窗隔音，又很容易不通風，這該如何解決呢？本章將一一解說該如何防止噪音的因應對策。

Questions 001

家裡面臨大馬路，不但容易受噪音干擾，裝了氣密窗又必須整天緊閉，室內空氣變得不流通，有什麼解決噪音和通風的方法嗎？

可利用雙層窗，不僅可阻隔外界噪音，也能達到通風效果。另外，也可利用全熱交換機，增加室內空氣的流動和新鮮。

音波是以漣漪由圓心向周邊以圓球體方式傳送的，只要阻斷漣漪，就有可能降低音量。而雙層窗，是在原來的窗戶外側或內側再加裝一扇窗戶，透過雙重的保護，能有效降低噪音，此作法大概可隔絕約15分貝左右。若想達到通風效果，可分別開啟外窗的下窗和內窗的上窗，讓氣流進入。不過雙層窗所進入的風量有限，建議可加裝全熱交換機改善室內空氣的清新和流動。

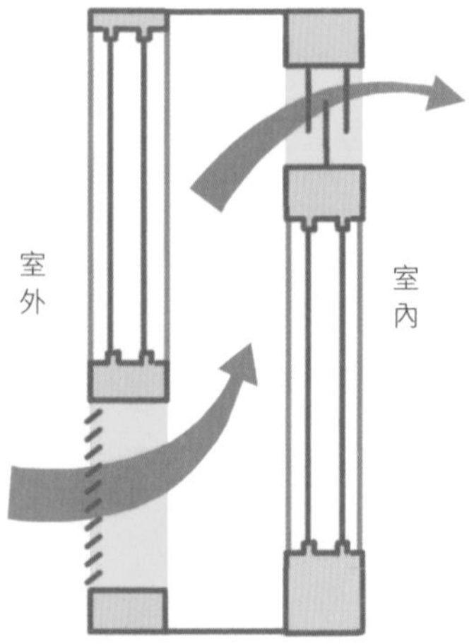

雙層窗的通風原理。

Questions 002

聽說裝了氣密窗能夠有效隔音，在選購時需要注意什麼？

若想達到隔音效果，氣密窗的單層玻璃厚度至少需達8mm以上，或施作複層玻璃效果更佳。氣密性越高，隔音效果越佳，因此好的氣密窗需符合CNS規範氣密2等級以下。一般都市內最好選擇等級8m³／hr・m²以下等級，已足夠隔絕噪音。

氣密窗的氣密性與隔音息息相關，氣密性越佳，隔音效果越好。氣密窗窗框經特殊設計，並以塑膠墊片與氣密壓條，與窗扇之間間隙緊密接縫，可產生良好氣密性；另外，透過厚玻璃或膠合玻璃、複層玻璃，能達到更好的聲音隔絕以及防颱效果。

各家廠商的氣密窗品質不同，若要能有效隔音，建議所採用的單層玻璃至少厚度須達8mm以上，並須符合CNS規範氣密2等級以下，可隔絕25分貝以上的噪音。另外，也可使用複層玻璃，利用5mm+3mm或4mm+6mm的玻璃，兩層玻璃的內部中空，降低音波的傳導，可有效隔絕噪音。

選購前可由產品本身的氣密性、水密性、耐風壓及隔音等級等指標作判別。

1 **氣密性：**測量一定面積單位內，空氣滲入或溢出的量。CNS規範之最高等級2以下，即能有效隔音。一般都市內最好選擇等級8m³／hr・m²以下等級，已足夠隔絕噪音分貝數。

2 **隔音性：**隔音性與氣密性有極大關聯，氣密性佳、隔音性相對較好。好的隔音效果，至少需阻絕噪音25～35分貝。

3 **水密性：**測試防止雨水滲透的性能，共分4個等級，CNS規範之最高標準值為50kgf／m²，最好選擇35kgf／m²以上，好能夠適應國內常見風雨侵襲的季風型氣候。

4 **耐風壓性：**耐風壓性是指其所能夠承受風的荷載能力，一共分為五個等級，360kgf／m²為最高等級。

圖片提供＿日作空間設計

Questions 003

家裡有人天生怕吵，想要有安靜舒適的臥房，又怕樓上聲響會影響睡眠，天花板該怎麼做可以有效加強隔音？

通常想防止樓上的噪音，需端賴房屋本身結構是否夠紮實，聲音才不容易傳導，同時樓上住戶的地面也需做隔音，否則在自家住宅做隔音天花板的效用可能有限。另外，也可在想隔音的特定空間做類似錄音室的施工作法，像是在需要安靜的臥房，其天花、牆面、地板皆做雙層隔音，讓聲音不致傳進來。

一般來說，樓上拖椅子或跑跳的聲音，都算是衝擊音。聲音會透過樓板、梁柱，甚至牆面傳導到下層，再加上若房屋結構的交接處有細縫，聲音仍是會從縫隙傳進來。因此，一開始的房屋結構就要確實做好，且混凝土必須厚實，聲音才不容易傳導。一般較好的天花板隔音方式可使用雙層作法，除了加上岩棉或吸音棉，也鋪上隔音毯，不僅能吸收聲音也隔絕聲音進入，降低結構的傳導聲。

但即便做了較好的隔音措施，由於聲音的傳導途徑太多，若想在自宅中做天花板的隔音，以隔絕樓上住戶傳來的聲響，實際上效果是十分有限的。除非樓上的住戶必須做好完善的隔音措施，其住家的地面鋪上隔音墊才能有效減少噪音往下傳遞。

若是非常在意聲響的人，建議在亟需靜音的空間中，像是臥房等區域，可使用類似錄音室的施工方法，在天花、牆面和地面全部皆做隔音和吸音後封起來，只是費用十分昂貴可能達上百萬，且空間尺度會因而變小。

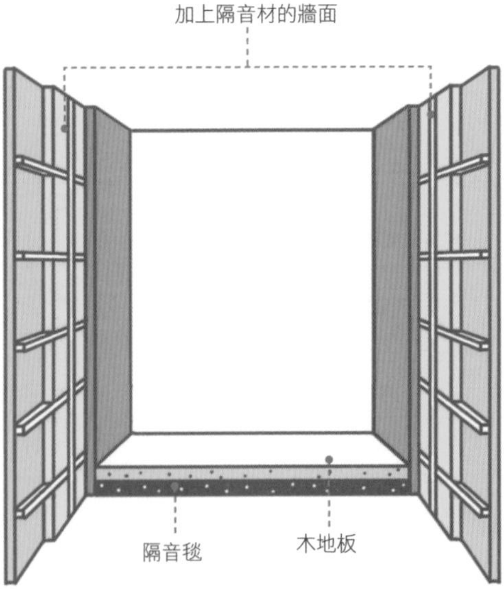

若想完全隔絕樓上噪音，不妨嘗試在全室四周皆做隔音。

Questions 004

臨馬路的窗戶想用隔音氣密窗改善噪音，但是有裝窗型冷氣，是不是隔音效果會打折？

若安裝窗型冷氣，機體與牆面之間會有縫隙，音波仍會由此進入，因此無法有效防止噪音。

音波會透過空氣傳入，若安裝窗型冷氣，其機體與牆面四周會有縫隙，室外的聲音就會由此進入，即便安裝隔音氣密窗，仍無法達到阻絕噪音的效果。有些人會在窗型冷氣的四周以厚實的木板，並加上隔音毯封隔，但其效用不大，頂多降個幾分貝。若有預算，建議換成分離式冷氣，並加上隔音氣密窗才能發揮具體的效用。

換成分離式冷氣加上隔音窗，較不會有吵雜的聲音。

Questions 005

家裡有4歲的幼兒，喜歡在室內跑跑跳跳引起吵鬧，地板要怎麼加強，才不會吵到樓下的人？

建議地板材質可改成木地板，並且在鋪木地板前，先鋪一層隔音毯。若沒有預算，或可鋪上地毯，減少聲能震動的傳遞。

如果家中有小孩，跑跳的聲音容易使樓下住戶受到干擾。為了要防止樓層與樓層之間的噪音，一般來說，鋪木地板、地毯會比磁磚、石材來得有降音效果。並且在木地板施工時，多鋪上一層隔音毯，木地板與隔音毯的多層結構能有效緩衝聲能傳遞，以維護鄰居的生活品質。

另外，若預算較少，可利用地毯降低走路或跑跳的緩衝力，可稍微減少噪音的干擾。不過還是建議在居家行走時降低音量才是最有效的敦親睦鄰方式。

Questions 006

當初工班進場的時間聯繫不當，結果先做了天花的工程再做輕隔間，設計師說日後可能會有隔音不好的問題，這是真的嗎？

是有可能會發生的，因為先做天花的話，隔間牆未能確實阻隔兩房，聲音會經由天花板傳至鄰房，使得隔音不佳。

一般來說，建議先做隔間再做天花板，這樣才能達到較好的隔音效果。先施作隔間，隔間高度便會做到置頂，有效區隔各空間達到完全密閉的效果。若是先做天花再做隔間，聲音容易經由天花之間的空隙流傳，導致隔音不佳的情形。

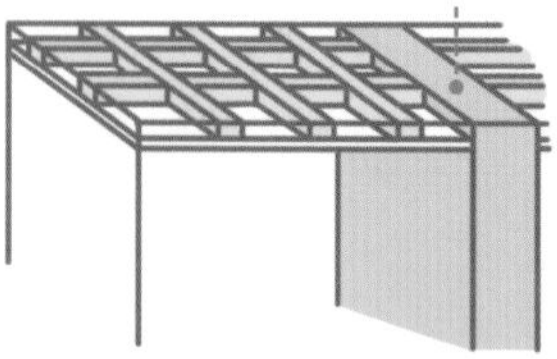
先做隔間且置頂，兩房形成密閉空間，有效隔絕噪音。

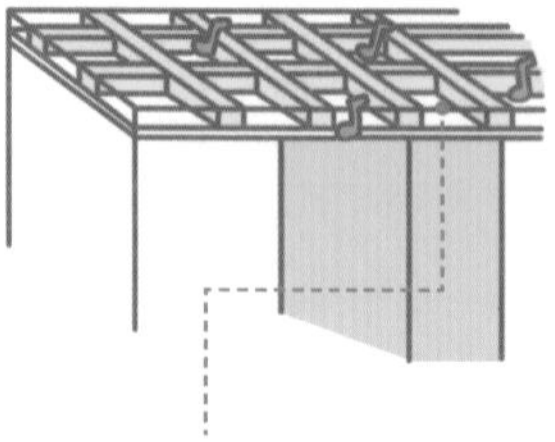
先做天花板，聲音容易經過天花的空隙傳至鄰房。

Questions 007

我想加強防火和吸音效果，隔間牆內應該要加裝什麼材質才適合呢？

一般來說，用在隔間內的吸音防火材多使用岩棉或玻璃棉，此兩種材質的耐燃性高、吸音效果好，但吸入人體或接觸皮膚都會造成不好的影響，因此在封住隔間需確實將之密閉。以下將介紹這兩種材質的特性：

1 岩棉：是由礦絨及玄武岩等高熔點的材料製成，因此岩棉熔點約在1,000~1,200 ℃之間，能有效阻絕火焰。岩棉的熱傳導係數低，因此具有良好的保溫及隔熱的效果。岩棉通常有60 K、80 K、100 K的規格，K代表岩棉的密度，數值越高、隔音效果越好，一般的輕隔間牆多使用60 K的岩棉，30分貝以下的噪音都可有效阻隔。

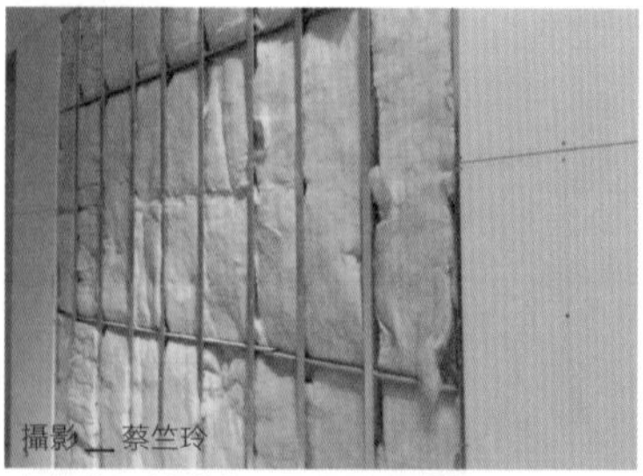

岩棉的K數越高，隔音效果越好。

2 玻璃棉：乃由玻璃絲加工製成，玻璃棉的熔點為攝氏400~600℃之間，玻璃棉的質地輕、富彈性、具有斷熱功能和吸音效果，用於填充隔間的多採用16K和24K的玻璃棉，24K的玻璃棉約可阻隔10分貝的噪音。

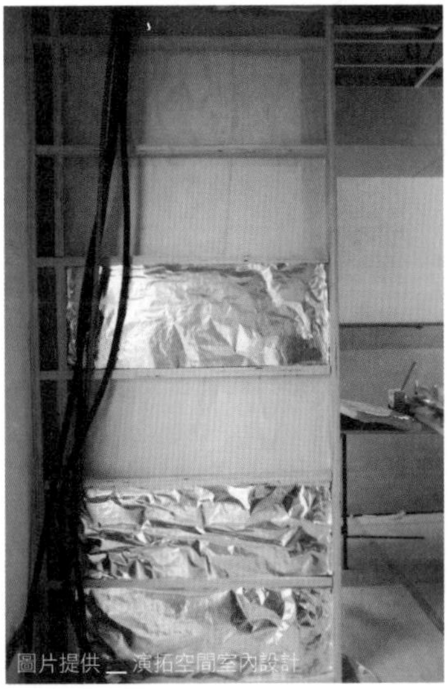
圖片提供＿演拓空間室內設計

玻璃棉需確實以錫箔紙封住後放入，以免吸進細小的玻璃纖維，造成不可逆的傷害。

Questions
008

家裡長輩較淺眠，剛好隔壁就是客廳，一點聲響就會睡不著。最近想要重做裝潢，隔間要怎麼做才能有效隔音呢？

在客廳與長輩房的隔間兩側皆加入吸音和隔音材料，同時確實將隔間和隔音材料做到天花高度，才能有效隔音。

想隔絕房與房之間的噪音，必須透過確實地隔音和吸音，有效降低聲音傳導。一般來說若不想聽到客廳的聲音，在客廳的牆面可添加吸音材料，音波有效被吸收，減少傳遞出去的可能；同時並施作隔音材料，隔絕音波傳給聽者。在施作時，建議客廳與長輩房的隔間兩側皆加入吸音和隔音材料，同時將隔間做到天花板，隔音材也需鋪到置頂，讓整個空間能有效隔絕噪音。

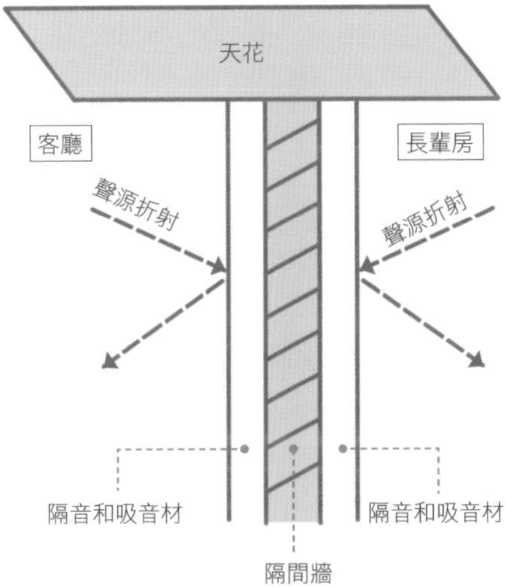
天花
客廳
長輩房
聲源折射
聲源折射
隔音和吸音材
隔音和吸音材
隔間牆

Questions 009

不同的隔間材質，會有不同的隔音效果，選擇哪種的隔間隔音效果最佳？

一般來說，磚牆的隔音效果最好，而輕質混凝土隔間、輕鋼架隔間以及木作隔間的隔音較差。

1 磚牆：其厚實性佳，有效阻絕聲音進入。不過磚牆的重量較重，再加上施工速度較慢，若全室隔間皆採用隔間，需考量樓板的承重力是否足夠。

2 乾式輕鋼架隔間：以金屬鋼架為骨架，內部填充具防火、耐燃、吸音的岩棉或玻璃棉。施作速度快，且板材重量輕亦能減少建築物的承載，價格上也比磚牆來得便宜。

3 輕質混凝土隔間：外層先以纖維水泥板封板，預留孔洞後注入水泥。由於其防水力佳，目前也常用於廚房或衛浴空間。整體採用濕式施工法，現場較髒、工法複雜相對也乾式輕鋼架隔間較耗時。另外，泥漿無法灌滿牆頂，牆內部也易形成蜂窩狀，使得完工後的灌漿牆隔音不佳。

4 木作隔間：多以角材為基礎，結合不同的板類如夾板、木心板或加工皮板、矽酸鈣板、氧化鎂板以及水泥板等，作為表面修飾性功能。在眾多的隔間中，木作隔間的隔音效果較差，因此若有需要做隔音效果的話，必須在內部加上吸音棉或是選用較厚的夾板加強隔音，可減少噪音干擾。

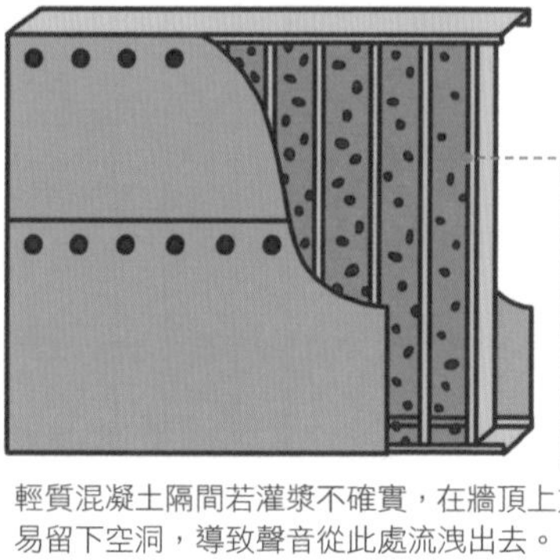
輕質混凝土隔間若灌漿不確實，在牆頂上方易留下空洞，導致聲音從此處流洩出去。

木作隔間內加岩棉等隔音材。
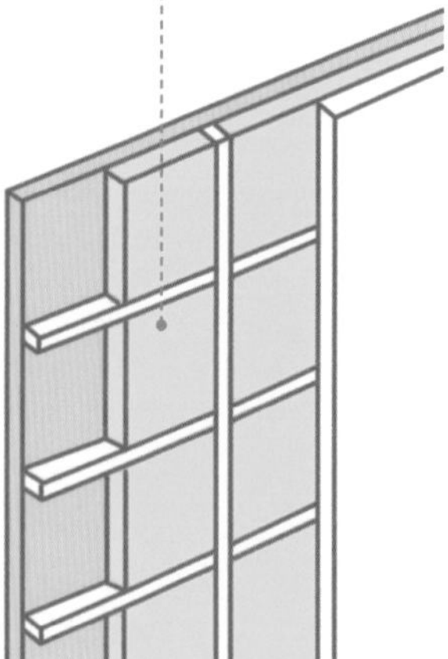

各式隔間的比較

類型	磚造隔間	木作隔間	輕質混凝土隔間	輕鋼架隔間
隔音	隔音效果最好	較差（可加厚面板加強）	較差	較差
地震影響	重量重，地震時容易產生不規則裂縫。	質輕，板材以交丁方式接合，不易產生裂痕。	質輕，容易在接縫產生裂痕。	質輕，容易在接縫產生裂痕。
防火	好	較弱	好	好
施工速度	緩慢	比磚造快，但比輕隔間慢	快速	最快
價格	連工帶料約 NT.5,000 ～ 6,000 元／坪（含砌磚、打底、雙面粉光）	連工帶料約 NT.1,500 ～ 2,000 元／尺	連工帶料約 NT.8,000 元／坪（小面積施作）	連工帶料約 NT.700 ～ 900 元／

※ 以上為參考價格，實際價格將依市場變動。

Questions 010

經常可在廁所聽到水管流動的聲音，尤其夜深人靜時更為明顯，要怎麼解決比較好？

廁所馬桶的水管、風管震動、抽水幫浦、管道間等震動產生的低頻噪音，大部分都是去五金行買保溫墊包覆，但效果極低。專家建議可用三明治的包覆方式，上下兩層用防火吸音棉，中間一層利用制振貼片，例如橡膠、金屬或鉛片，這樣的作法約可降低25～30分貝左右。

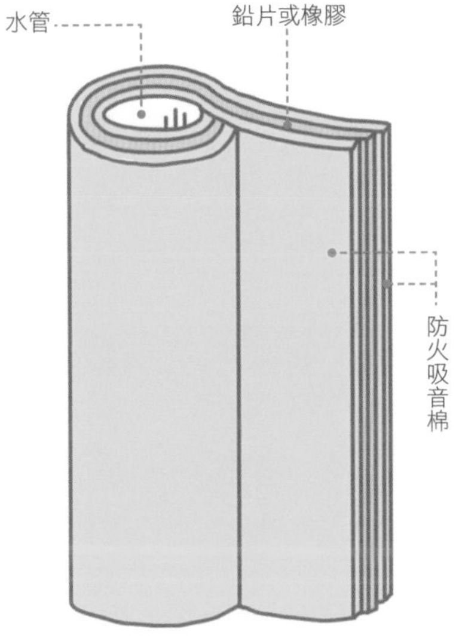

管道間的排水管或風管可用三明治包覆法，減少水流吵雜的聲音。

Questions 011

家裡有小孩需要練琴，為了怕吵到鄰居，想做一個獨立琴房，如何做好隔音才好？

地板選用木地板並加上隔音毯，同時鋼琴背面加鋪一層吸音棉，琴房門片內部要加上吸音棉為佳。

想在室內增加琴房，最重要的是吸音和隔音要做得好，避免影響住家和其他住戶的寧靜。以下將分別從天花、牆面、地板和門片的吸音和隔音施作來分析：

1 天花板和牆面加強吸音：鋼琴在密閉空間會有回音，建議在天花板、鋼琴背面與牆壁中間多放一層吸音棉，避免回音的產生。同時再放一層隔音材料，同時阻止聲音傳導出去。

2 用木地板和隔音毯：為了不使鋼琴聲音透過地板的震動傳至樓下，可用實木地板與海島型木地板，具有吸音效果，同時在鋪設木地板之前，先鋪上隔音毯，可多一層隔音防護。

3 門片內部要有隔音棉：若不想打擾家人，地板與門縫部分要規劃吸音條之外，門片採用實木加隔音泡棉，其隔音的效果較好。

Questions 012

我想用玻璃隔間做書房，在隔音上需要注意什麼問題嗎？

一般來說，若想加強玻璃隔間的隔音效果，隔間的上下固定框要確實密封。

若是落地型的玻璃隔間，為了避免撞擊碎裂的危險，宜選用強化玻璃。強化玻璃的原理是將玻璃加熱接近軟化時，再急速冷卻，讓強化玻璃具有抵抗外壓的效果，因此抗衝擊能力較優，增加使用的安全度。通常用作隔間的厚度大約10mm左右，可有效隔絕聲音，若想加強隔間的隔音效果，隔間的上下固定框要確實密封，防止聲音洩入。

攝影＿劉士誠　空間設計＿大晴國際室內裝修設計股份有限公司

Questions 013

兩間臥房之間用雙面櫃做區隔，通常櫃子要怎麼設計，才能降低鄰房聲音干擾的問題？

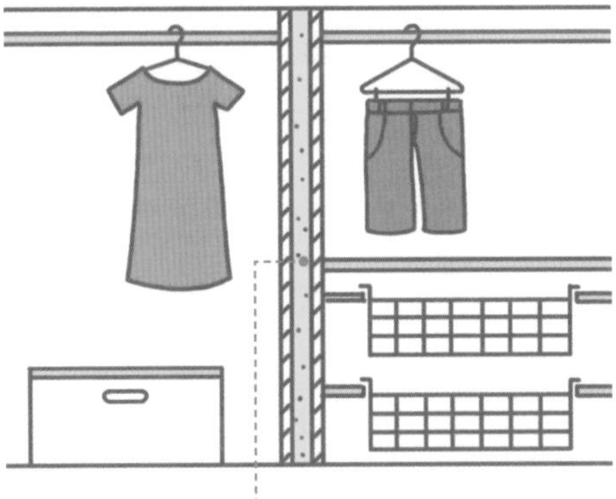
透過中央的隔音棉和 1.8 公分的木芯板，加強隔音效果。

雙面櫃體的背面加入隔音材料，同時利用櫃子的深度、門片厚度，再加上衣服等柔軟布料的吸音，讓聲音得以不互相干擾。

由於臥房是放鬆休息的區域，如果要做隔間櫃，首要就必須解決聲音干擾的問題。一般利用雙面櫃作隔間的房間，由於衣櫃的深度夠，再加上衣服和內部空氣層，還有3～4公分厚的門片阻隔，能有效隔絕鄰房聲音的傳導。材質部分建議加厚雙的背板，使用1.8公分的木芯板，並加入隔音棉，加強隔絕效果。

另外，除了衣櫃之外，也有使用書櫃當作隔間的案例，由於隔音條件不如衣櫃好，因此在書櫃背板的中間需加入吸音材料，加強吸收聲音的功能。

Questions 014

後陽台的空調機的轟隆聲經常傳到相鄰的房間，要怎麼解決才好？

可利用彈簧材質降低主機震動的頻率，以及使用隔音毯阻絕機器的聲音。

空調主機若是緊鄰房間，每次運轉都會震動牆壁及地板，進而會影響房內的睡眠品質，若是震動過大，甚至會還會影響到兩房。因此可嘗試在主機的下方墊上「彈簧震動緩衝器」，利用彈簧分散能量的特性，消耗大部分主機傳到地板的震動。另外，主機外殼貼上隔音毯，藉此降低主機本身發出的噪音。

Point 06

精準選材與規劃，安心使用沒煩惱

為了使室內降溫、空氣品質變好，必須要瞭解哪些材質和設備能有助於斷熱、或能改善、阻絕空氣的有害物質。同時也需睜大眼睛確認材質好壞，若家中有過敏的小孩，建議選擇低甲醛的。另外，空間設計到完成過程都有可能造成建材浪費，要減少能源耗損，可利用節能設備、回收系統或二手建材達到省能目的。

Questions 001

一般來說，想要在牆面使用隔熱材，大多有哪些材質可以選擇？

壁面的隔熱材質可使用岩棉、隔熱毯或木質纖維板。

大多在裝修輕隔間時，內部都會鋪上岩棉，除了有隔音的效果外，主要還有隔熱保溫的功能。岩棉的中間能透氣，使牆壁之間形成空氣層，使熱能難以進入，有效降低熱傳導。除此之外，也可使用專門的隔熱毯，讓隔熱效果加倍。

另外，隔熱效果更好的材料是木質纖維板，表面經過塗佈處理後也可用於室外，原理主要是透過木質不容易升溫的特性，不容易導熱：同時讓太陽不直射混凝土牆，為牆面多一層的保護，減少熱輻射，而木纖板與牆面之間的熱氣，可透過戶外的風帶走，隔熱效果比使用於內牆好。

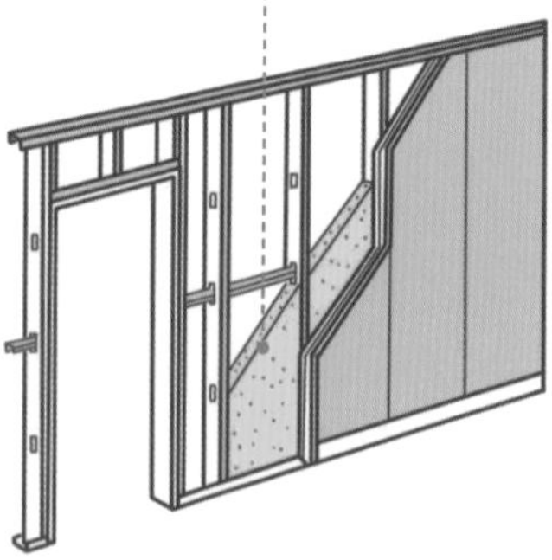

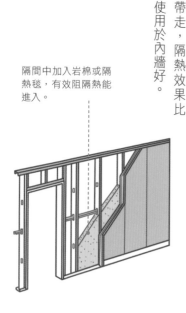

Questions 002

想在牆面做隔音，但又不想打掉牆面重做，有什麼材質可以選擇？

可利用吸音磚直接貼覆牆面。另外也可用隔音泡棉，不過較不美觀，且想要完全隔音必須完全貼覆縫隙。

規劃空間時，也需要將居住聲音問題一併考量進去。因為過度的噪音，不但影響生活品質，甚至還會造成干擾，可以適當在建築中加入隔音建材，例如隔音玻璃、鑽泥板（美絲吸音板）等材料，透過其本身具有的隔音特性，加強屋內的隔音效果。

若想在原有的牆面上隔音，可使用吸音板貼覆牆面，此為長條木絲纖維加入水泥製成的，捲曲木絲纖維紋理且不規則排列所產生自然的孔隙，是吸收聲音的主要來源。除此之外美絲板的低熱傳導係數，還具隔熱節能的優點。

有些吸音磚兼具美化功能。

Questions 003

聽說有些材質可以降低電磁波影響，是真的嗎？

可裝設抗磁波窗簾或塗上碳漆降低電磁波的影響。

生活裡充斥著電磁波，像基地台裝設在一般建築大樓、家中裝置無線網路、使用智慧型手機等，由於電磁波對人體健康有影響，因此可以在家中裝設抗電磁波窗簾，可減少電磁波對人體的傷害。另外，也可以在壁面塗上碳漆，或以碳元素提煉而成的水溶性乳膠漆，漆於牆面當作底漆，之後再塗上面漆，也能有助降低電磁波的干擾。

Questions 004 想要迎進大量陽光，聽說可以利用導光板，是真的嗎？

是真的。可以在室外裝設導光板或導光百葉讓光線反射進入室內。另外，也有一種自動採光系統能透過光纖傳送太陽光至室內，甚至連地下室也可引光。

有一些綠建築或商業大樓會在向陽處裝設導光板或導光百葉，透過精密的角度計算和特殊的表面塗佈可以有效反射太陽光，讓光線援引到室內，使得空間變得明亮通透。

另外，目前還有研發出一種自動採光系統，可透過光纖傳遞方式，將太陽光導引至室內，持續且有效的補足室內光源。其中原理是利用設備內部的鏡片收集太陽光，將光線集中到光纖前端，經由光纖傳送太陽光到各個地點。可任意彎曲且不佔空間的光纖，可以讓一向沒有陽光的北側房間或地下室，也能享受到自然光線。

Questions 005 想維持家裡空氣品質，除了使用空氣清淨機，可以選擇哪些建材？

選用具有吸附、分解甲醛和抗菌防黴的塗料，或是在室內施作植生牆，有效清新室內空氣。

人們長時間處於居家環境中，室內的空氣品質直接影響了人體健康與舒適度，因此空氣品質的好壞變得格外重要。可以在室內植栽之外，也能配置植生牆方式，透過植物排出天然氧，讓內部空氣更清新；又或者空氣濕度過高，環境中有甲醛、其他臭味等，也可以使用具吸濕、除臭、吸附甲醛等功能的塗料來做改善。以下將介紹各種維護空氣品質的材質：

1 珪藻土和竹炭漆：珪藻土是一種多孔質的塗料，能吸收大量的水分，因此有調溼、預防結露的功能。而其最大

攝影＿江建勳 場地提供＿
台灣土地開發 u-home

室內牆上塗上竹炭漆，可吸附甲醛和臭味，替居家環境多一層防護。

的效用在於可針對甲醛、乙醛進行吸附與分解，可矯正空氣品質不良的問題。

除了常見的珪藻土，竹炭漆也具此特性，將竹炭粉加入乳膠漆中，並粉刷於牆面上，能有效達到吸附甲醛、調整濕度、消除臭味等功能，不僅擁有健康綠建材認證，無毒、無臭更讓居家環境多一層健康保障。

2 灰泥塗料：灰泥，指的就是以我們俗稱的白灰或稱為石灰（氫氧化鈣），為主原料所煉製而成的一種純天然傳統壁面敷料。以特殊的製程與配方調製而成，有極佳的黏結與附著力，不需借助任何合成樹脂黏結劑，就能達到硬度夠、防濺水的特性。材質透氣性佳，能保護牆體建材之外，也可以發揮平衡室內空氣濕度的功效，其還具防黴抗菌的效果，特別適用於潮濕的空間。

3 植生牆：室內配置植生牆，可藉由植物的換氣，讓室內的空氣更清新，同時排出天然氧的特性，也能發揮淨化效果。植生牆的技術也越來越先進，目前有捨棄土壤改以科技海綿為培育材，不會招惹蚊蟲，也能讓植物生長更良好。在澆水部分提供一次供水直接連結與直排水型，以及安裝水箱循環設備，不用擔心忘了澆水而讓植物枯萎。

攝影__江建勳
場地提供__台灣土地開發 u-home

有些植生牆是以科技海綿為培育材，實現無土的綠化設計，不招惹蚊蟲，也能讓植物生長得更好。

Questions 006

聽說材料有可能產生一些有害物質，選擇時能參考什麼指標做評估讓使用更安心無虞呢？

選用建材時，可從「空間負荷率」控管有害物質逸。

千屹室內裝修設計有限公司設計總監陳又曦表示，想像房子是一個密閉的容器，容積是固定的，空間越大表示能承受的有害物質總量越大。室內空間會稀釋掉建材散發出來的有害物質，也許不一定要用到逸散率最低的高級綠建材就可以符合安全標準，但若是空間坪數較小，對於建材的逸散濃度就要錙銖必較了。因此建議選用建材除了著眼風格美感或好清潔保養之外，也要了解所用建材的逸散物質濃度，盡量選擇低逸散的健康建材，以及創造順暢的通風換氣條件，是控制這些有害物質濃度的有效方法。

Questions 007

一些板材常有甲醛，使去除甲醛的噴霧可以改善這個問題嗎？

採用合乎規範的建材，降低有害物質逸散。

甲醛和總揮發性有機化合物（TVOC）是裝修工程中最常討論、也頻繁存在於經常使用的建材中，如結構角材、板材、木地板、塗料……等，尤其是甲醛已被世衛組織列為一級致癌物質，因此想改善空氣中這兩項的濃度比例，一定要從慎選建材及施工中的黏著劑著手。市場上有一些號稱可去除甲醛的噴霧或是塗料，陳又曦表示，這是一種補救或輔助的方式，畢竟甲醛存在板材的內部，噴霧或是塗料只能減輕空氣中和建材表面的成分，治標不治本，若是從裝修初期就開始規劃，慎選板材，地板，塗料和黏著劑，才是最好的解決方式。

選用合乎規範的建材，避免有害物質逸散。

Questions 008

建材在運用的過程中容易產生汙染源，可以怎麼改善這個情況呢？

預鑄概念導入裝修，減少現場切割施作比例。

以往的裝修工程多在現場施作，導致工地環境混亂，近幾年透過如塗裝板材的開發、系統傢具導入等，或是以往在現場製作的鐵工、木工，透過設計在工廠製作、現場只要組裝微調整，讓過程中產生的汙染源在工廠那樣的環境中獲得較佳的控管，也降低材料來回搬運、工地儲放空間不足的問題。

Questions 009

台灣濕氣重，有的材質又很會吸水，該怎麼選擇好讓使用上更舒適呢？

少用高吸水率建材，以利控制室內濕度。

布藝材質如布製窗簾、沙發布等，吸水率相較於木材、石材、磚材等建材要高，使用這些材料，日常的換洗清潔與除濕就要做得更好，不過對於一般家庭來說，每週換洗窗簾、沙發布是不切實際的，因此若想有效控制室內的濕度，避免黴菌塵蟎孳生，可選擇木百葉窗或吸濕率較低的布料。

Questions 010

疫情關係，很怕把細菌有毒物帶回家，可以怎麼做比較好？

玄關加設設洗手檯，落實入室就先清潔。

隨著流感與新冠肺炎的流行，許多人開始注重戴口罩及勤洗手的習慣，過去作為住宅室內與室外過渡空間的玄關，多以滿足鞋帽外衣的脫換為主，建議日後在思考室內設計時，可改成在玄關處配置洗手檯或衛浴間，養成回到家就先做手部清潔的習慣，把細菌、髒汙隔絕在外。若要在玄關加設洗手檯或衛浴時，一定要留意管線位置，通常玄關處較少水管線路，而無論加設洗手檯或衛浴間，就一定會遇上需要重新遷設管線的問題，遷設過程中稍一不慎，就可能破壞防水層或滲漏水，而最直接的便是樓下住宅首先遭殃，因此在做任何配置規劃時，一定都要先做好全盤考量再下定論。

空間設計暨圖片提供＿FUGE GROUP 馥閣設計集團

Questions
011

外出衣物也會沾附有害物質，可以選購哪些設備除去衣物毒害呢？

使用具消毒殺菌功能家電，除去外衣的毒害

人們外出曝露在外的除了部分肢體，最大面積其實就是身上的外出服，其上面可能附著你我都看不見的細菌或有毒物，建議可在添購相關家電時，可選擇具有消毒、殺菌功能的款式，就有業者推出具有除臭、殺菌功能的電子衣櫃，將衣物放進其中，開啟乾衣烘衣功能時，便可除去衣物上的細菌與過敏原等。另外也有廠商研發出具有除垢、除菌、除臭、除蟎等功能的洗衣機，清潔衣物的過程中，不只去除髒汙，也能把看不見的細菌清除。

另外，頤樂空間設計有限公司設計總監方淑貞建議，若玄關櫃允許，也能於內設置了紫外線定時開關燈，可清潔殺菌也能有效阻絕病毒入室的可能。或是在玄關加設相關插座，擺入自動消毒器、紫外線消毒燈等，入室前也能將衣物做一番清消。

圖片提供＿頤樂空間設計有限公司

Questions 012

病毒也會殘留在物品上，但開關這些又必須得手觸碰，該怎麼做可以降低與毒害的接觸率呢？

有效串聯體感控制，把觸碰汙染源的可能性降到最低。

隨科技越趨升級、進步，在影音娛樂中已可用聲控取代搖控器，甚至還有業者推出「手指手勢操控」功能，即利用手勢來做頻道、音量等切換；另外在廚衛也有業者在水槽龍頭將「Easy Touch」技術納入，只要使用手或胳膊碰觸龍頭、甚至不用接觸只要感應，便可輕鬆操控水源開關。這些技術都是盡可能減少以手去觸摸相關物品表面，進而受汙染，演拓空間室內設計設計師張德良認為，未來在居家設計上也可以將相關的開關串聯人體感應，藉由感應機制達到開關目的，把觸碰髒汙的可能性降到最低。

Questions 013

居家防疫使得人們必須長時間待在家，面對每天必須煮三餐的廚房，可以怎麼做避免汙垢的累積呢？

使用無縫拼接技術，廚房就不怕汙垢滲入。

防疫期間，下廚機會多，維持廚房清潔也很重要。設計師建議構思設計時可藉由人造石一體成型的設計整合水槽、檯面與牆面，無縫拼接，不易被汙垢滲透，加上人造石本身就很好整理，能替主婦媽媽們省下不少清潔打掃的力氣。

Questions 014

防疫期間每天都要清潔消毒家裡，有沒有什麼材質耐汙染又好保養？

超耐磨木地板讓居家清潔更輕鬆。

防疫升溫，居家時間也隨著增加，除了居家的生活品質，許多人對材質選用也越來越重視。禾光室內裝修設計團隊建議，室內空間可以選用易擦拭清潔的超耐磨木地板，擁有高耐磨、耐汙染、容易保養等特性，日常防疫、居家清潔更輕鬆。

Questions 015

我家是透天厝，夏天頂樓超熱，朋友推薦可以裝通風塔降溫，這真的好用嗎？

不論是通風塔或是渦輪通風器，都是利用自然風吹拂加速室內換氣，透過浮力通風的原理有效帶走熱氣。

一般在工廠或住家樓頂經常會看到在旋轉的渦輪通風器（俗稱香菇頭）或是長形的通風塔，其共同的特色都是在於利用外界的自然風動、熱對流和流體力學原理，創造氣流加速，在不用電及無輔助動力設備的條件下，可產生有效換氣率。透過通風塔可引進外部新鮮的冷空氣，排放建物的汙濁濕熱。

不過裝設這些設備都必須配合開窗，以便讓氣流有進有入。另外，也需挖空部分屋頂裝設，因此必須加強防水防漏的措施，有些裝設不當的通風器，會在豪雨來襲時發生漏水的情形，不可不慎。

Questions 016

想要選用外遮陽板加強遮陰，選購時必須注意哪些問題？

依據窗戶朝向選擇不同型式的遮陽板，南向窗戶用水平式，東西向則使用垂直式。同時請廠商出示該產品的外遮陽係數值（ki值），係數越小，可阻擋的全年日射熱百分比越高。

在戶外裝設外遮陽板隔熱時，可選用具有電動控制系統的遮陽板，可隨太陽軌跡調整遮陽板角度，並可因此機動調整空調的使用量。若想將外遮陽的效果發揮到最大，必須依朝向不同而選擇。像是東西向的牆面，由於太陽入射的角度較低，因此選用垂直的遮陽板即可；而南向的窗戶，太陽的入射角度較高，選用水平式遮陽板較能遮擋大量陽光。

另外，裝修外遮陽板時，必須注意其外遮陽的係數值（ki值）。此為外遮陽對日射遮陽效果的指標，例如ki等於0.32時，表示可阻擋全年日射熱的68％，所以當ki小於0.5，表示可阻擋50％以上的全年日射熱。

Questions 017

在玻璃貼上隔熱膜聽說能有效隔熱，要怎麼選才好呢？

確認其透光係數和隔熱係數，係數越高，隔熱和透光效果越佳。

隔熱膜的結構是藉由多層PET組成，包含特殊耐磨層、強化膠膜、紫外線隔離層等，另外還有方便施工的膠膜層與透明膜層。隔熱膜是藉由對於日光熱能的「反射」與「吸收」原理，來達到隔熱效果。高透明類型的隔熱膜，張貼後透光率高達65～80％，不影響室內光源亮度，並且隔熱率達60～95％，可提升冷暖氣效率、節省電費支出，同時抗紫外線功能保護傢具不因過度日光照射而變質褪色。以下是選購的要訣：

1 確認隔熱和透光係數：隔熱膜的隔熱係數與透光係數越高，則隔熱與透光效果越佳；至於紫外線阻絕率，目前大多產品皆可達99％效能。

2 找有信譽的廠商：挑選隔熱膜產品時，最好找信譽佳並且提供產品保固的商家，才能確保品質也較有保障。

攝影__江建勳　建築設計__百速國際工程

Questions 018

想在自家頂樓鋪上橡膠隔熱磚，在施作時該怎麼做才能兼顧隔熱和排水？

需於排水良好且沒有漏水問題的屋頂鋪設，並可於屋頂邊緣留出約20公分的排水道。

橡膠PS隔熱磚是目前常用的頂樓地面隔熱材質，本身運用發泡隔熱材，以阻絕空氣產生對流作用，同時隔絕熱的傳導，讓水泥地不直接面對陽光熱源，進而達到節能作用。在鋪設時，需注意屋頂本身的排水必須良好，沒有漏水問題，往排水孔方向需有斜面，下過雨沒有大面積積水問題才可。一般鋪設的方式如下：

1 利用美工刀即可切割：使用鋼尺與大美工刀就可進行切割隔熱磚，若遇到排水孔時，需要進行四方形切割。

2 從門口向外排列：為求美觀，通常由門口向外排列隔熱磚，切割隔熱磚放在最遠處。

3 不需留伸縮縫：每個隔熱磚之間需排緊，且不留伸縮縫，視需要在邊緣下方打矽膠固定。

頂樓水泥地鋪上PS隔熱磚，減緩地面直接面對陽光熱源。

4 若選擇全鋪，算好尺寸切割即可：選擇全鋪地面時，只要切割剛好，在邊緣處緊密壓入即可，可以不用矽膠黏合。一般若全鋪時，其雨水仍可直接由隔熱磚表面或下方，順著地面斜度排水。外表較美觀完整，較不會有踩到排水道造成跌倒的困擾，只是排水速度會稍慢。

5 不全鋪，邊緣留出20公分的排水道：排水道可流約20公分寬，遇大雨時可加快排水速度。但鄰近排水道一側的隔熱磚底面需用矽膠固定，以免長久行走導致移位脫落。

Questions 019

想要選擇省電的家電，讓夏天不容易耗費大量電費，聽說選擇變頻式家電比較省電，是真的嗎？

一般來說，若不持續開關電器，變頻式家電比定頻式來得省電。

空調設備在住宅類建築中仍是常見的必備之一，但其實可以從機種或是搭配使用方面下點功夫，同樣也能做到節能目的。無論窗型還是分離式冷氣，建議以變頻機種為主，選擇時也要注意能源效率標示，共分為1～5級，級數越小，能源效率最高。另外，使用時也可以搭配風扇共同使用，清涼省電又節能。

以傳統的冰箱或冷氣機等定頻家電為例，當達到預設的溫度時，馬達就停止運轉；等到冰箱內或房間裡的溫度升高了，馬達才又開始啟動，這樣會使馬達處於高度耗能的巔峰。

而變頻式和一般家電的不同在於，讓壓縮機馬達持續運轉，使得家電不會因開開關關而高度耗能。所以，對於運作時間越久的家電，選用變頻式機種越能確保省電。但要注意的是，變頻式家電若使用時間不長或不斷開關，會讓變頻式機種無法有效節能，而無省電的效果。

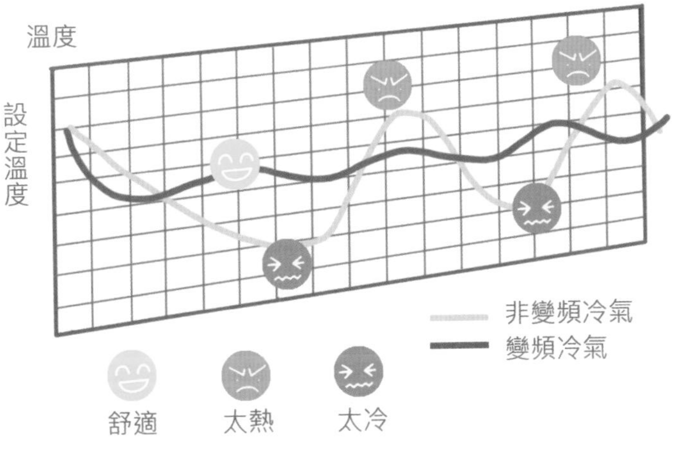

Questions 020 瓦斯、電能、太陽能這三種熱水器，選用哪種比較省電？

瓦斯為最普遍的熱水器，花費最低。太陽能熱水器則是依靠日光發熱，無陽光時需要輔助的發熱系統，其裝設費用動輒幾十萬。而電能熱水器易耗電，所要繳的能源費用是其中最高的。

1 瓦斯：是台灣目前最普偏的熱水器熱能來源，天然瓦斯和桶裝瓦斯之分。瓦斯比電力環保，價格也較低。相同的熱水用量，瓦斯熱水器的花費約為電熱水器的3/4。人口少、熱水用量不高的家庭使用桶裝瓦斯的熱水器，最省燃料費。

2 電熱水器：最大好處是用多少熱水耗費多少能源。但水溫沒有瓦斯熱水器的來得高，加熱到40~50℃的高溫得等待數分鐘。傳統的電熱棒加熱機種，水溫容易下降；儲熱式電熱水器雖可靠儲水保溫桶來改善這項缺點，但熱水器體積也會因此變大。

電熱水器的加熱棒十分耗電，會大幅增加家庭用電的度數。因此，電熱水器在所有熱水器類型裡，能源的使用費最高昂、也最不環保。還有，電熱水器的加熱棒會因為水垢的關係，每三年左右就要更新，每根單價約NT.2,000元。

3 太陽能熱水器：是指在屋頂裝設太陽能集熱板，然後將熱能轉至儲水桶來加熱家庭用水，基本上無需用電或瓦斯。但在無陽光的日子，太陽能熱水器就需搭配輔助加熱系統，利用電力或瓦斯來供應熱水。因此，太陽能熱水器較適用於日照天數多的中南部地區。

由於安裝太陽能熱水系的設備費用動輒數萬至十幾萬。目前，政府不接受申請補助，改委託財團法人成大研究發展基金會承辦太陽能熱水系統的推廣與補助獎勵事宜。

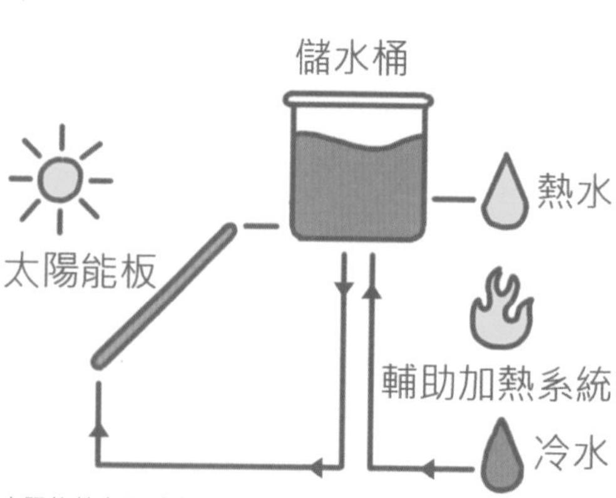

太陽能熱水器系統。

4 熱泵熱水器：也是訴求環保、節能的設備。熱泵熱水器的原理是，機器吸取空氣的熱能，儲存到保溫桶之後，使用時再以些微電力將冷水轉換成熱水。電力僅需太陽能熱水器用電力輔助加熱時的一半，用電量是一般電熱水器的1/3至1/4，日常電費約等於瓦斯熱水器的一半。

由於熱泵儲水的保溫桶大，較適合成員較多的大家庭或旅館、民宿等商業用途。但缺點是，加熱速度會因低溫而變得更慢。以加熱速度最快的1.25kw機種為例，倘若是寒流來襲時的7℃，要製造出可以洗澡的熱水，可能得耗上七、八個小時。

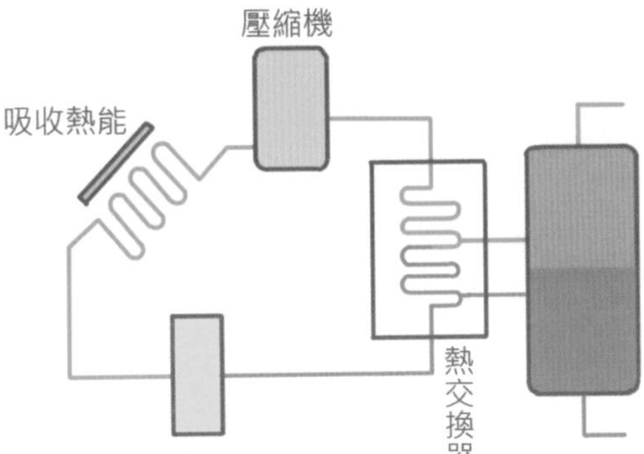

熱泵熱水器系統。

熱水機種類比一比

類型	建置成本	日常耗能成本	其他
瓦斯熱水器	一般機種 NT.6,000 元起跳，恆溫式機種 NT.2 ~ 3 萬元。	1 天然瓦斯一度約 NT.20 ~ 25 元。 2 桶裝瓦斯 20 公升約 NT.1,000 元，每人每年 1 ~ 2 桶。	1 瓦斯耗能高於用電，但瓦斯在台灣價位較低，故日常成本低於用電。 2 要安裝在通風處，否則會有一氧化碳中毒之虞。
電熱水器	即熱式電熱水器 NT.5,000 元起跳，儲熱式電熱水器 NT.1 ~ 1.5 萬元。	60 公升 20℃ 冷水升溫至 50℃，約花費 2 ~ 3 度用電。冬季洗澡，每次用電量約 3 ~ 4 度。	在冬季須等待水溫升高，需搭配 220 伏特插座。
太陽能熱水系統	整套約 NT.10 萬元（可申請補助）。	理論上為無花費，但實際上仍需加裝輔助加熱系統。	儲水桶大小視需求量來選購。
熱泵熱水系統	一體式機種，約 NT.4 ~ 10 萬元。	每天平均用電 1 度（約 NT.3 元）。	1 加熱速度分 1.25kw 與 0.7kw 兩種。 2 保溫桶有 300 或 500 公升兩種，視自家需求量選購。 3 可結合太陽能和空調系統。

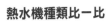

Chapter

3

掌握排毒健康自然好宅的4大設計提案

Point1 ------ 隔熱控溫

Point2 ------ 通風格局

Point3 ------ 採光照明

Point4 ------ 抗汙節能

Point

01

隔熱控溫

以層層隔熱工序，創造適溫生活空間

位於頂樓的十幾年老屋，翻修重點是解決隔熱、壁癌問題，於是設計師將其拆除至只剩梁柱，選用輕巧且隔熱、隔音效果絕佳的陶粒牆板作為牆面，阻絕炙熱的陽光。而承受太陽直射的屋頂，以約 10 公分厚的隔熱材為基底，室內再以木作天花做第二道隔熱，藉由多道隔熱材阻絕陽光，降低室內溫度，相對地也可減少冷氣的使用，成功達到節能目的。

原始屋況 ▶ 位於頂樓的十幾年老房子，太陽直射造成室內溫度過高，且漏水壁癌問題嚴重。

圖片提供_奇拓室內設計 CHI-TORCH

002 雙層窗阻斷空氣，增加隔熱效果

由於原始建築物外牆並無法再新增隔熱材，因此在原有鋁門落地窗與室內距離 30 公分處，加裝日式障子門，取自雙層窗概念，以中間空氣層隔開冷熱空氣傳導，提高斷熱效果；另外並在牆壁塗抹珪藻土，利用珪藻土除濕功能降低室溫，調節室內體感溫度。

原始屋況 ▶ 建築外部無法再增添建材提高隔熱效果，僅有落地窗沒有裝設第二層窗。

圖片提供__日作空間設計

003 木質地板有效減緩日照熱能

屋頂平台鋪上木地板，以阻擋日照直射屋頂，有效讓房子不再發燙。除此之外，溫潤厚實的木質質感，搭配現代籐編傢具，呈現濃濃的自然綠意，整體氛圍簡單而樸實。

原始屋況▶為自地自建案。

攝影＿Amily　建築設計＿百速國際工程

005 斷熱與散熱雙管齊下

原為舊式公寓的頂樓加蓋，斜頂天花運用節眼紋路明顯的杉木，呈現猶如度假小木屋的風情。為了有效斷熱，以隔熱棉夾於杉木及鐵皮屋頂中間，避免日曬高溫透進屋內。同時上下層各開窗，加強散熱效果。

原始屋況 ▶ 位於頂樓又是鐵皮屋加蓋，室溫居高不下。

圖片提供__相即設計

004 加厚外牆減緩熱能進入

有別於一般人覺得頂樓特別熱的觀感，設計師在牆面花了功夫，建造約厚 40 公分的頂樓外牆，中間隔了一層空氣層，有保溫保冷的概念，同時運用格柵遮住部分陽光，使空間冬暖夏涼。

原始屋況 ▶ 頂樓有陽光直射，容易有過熱的情形。

攝影__ Yvonne

攝影＿賴建興 建築設計＿原典建築 YD ARCHITECTS

攝影＿賴建興 建築設計＿原典建築 YD ARCHITECTS

006+007 運用複層牆面達到隔熱效果

垂直的泥作外牆附上波浪板，再搭配空心磚圍牆，一層一層過濾緩衝，避免建築本體快速升溫快速進入，有效控制溫度。過度的日曬和刺骨的北風便無所畏懼，達到冬暖夏涼的目的。

原始屋況▶ 自地自建案。

圖片提供＿裏心空間設計

008 採用節能毯降低室溫

承租作為商空使用，無法隨意改變屋頂材質，只能從室內添加隔熱材質，降低太陽直接鐵皮屋造成的高溫，因此採用可阻隔光線的節能毯，鋪貼在室內天花板，雖沒另做木作天花封板，但已足夠隔絕直曬的炙熱光線，有效降低室內溫度，大面窗戶也貼上隔熱紙，加強隔熱效果，避免引入光線而升高室溫。

原始屋況▶ 屋頂為容易聚熱的鐵皮屋，因此室內溫度過高。

攝影＿Amily　建築設計＿百速國際工程

009 利用雨庇阻擋熱能

露台利用雨庇抵擋驕陽直射室內的問題，減少熱能進入，避免夏日的室內溫度過高。同時也因應多雨的天氣狀況，在下雨的時候，具有擋風遮雨的功效，也方便人們行走。

原始屋況▶為自地自建案。

圖片提供＿郭文豐建築師事務所

010 生態水池有效降溫

在屋頂運用磚、帆布等簡單材料，即可打造簡便生態水池。由於將帆布鋪於底層，也不必擔心破壞原有屋頂防水層；同時水的吸熱能力佳，具有良好的隔熱功能，有效為屋頂降溫，位於下層的室內就變得不悶熱。

原始屋況▶為無漏水且排水良好的平屋頂。

011 運用天然材質阻熱

為了節省成本，以玻璃隔間作為入口的起居室，同時選用竹子覆蓋，避免陽光直射導致溫度過高的問題，也能改變玻璃予人過於冷硬的印象。地板選用夾板鋪陳，運用自然質材與環境相呼應。

原始屋況▶原為玻璃隔間，有過熱的問題。

圖片提供＿林淵源建築師事務所

攝影＿Yvonne 建築設計＿前置建築 Preposition Architecture

012 雙層玻璃和格柵設計雙管齊下

落地大窗的通風效果雖好，但仍有日曬過多，而室內溫度升高的問題。為了平衡通風和日照，除了在建造時就採用乾式斷熱板加強隔熱效果，面窗處則在建築外牆上加裝格柵設計和選用雙層玻璃，有效斷熱，避免室內高溫。

原始屋況 ▶ 為透天公寓，開窗面積大又有日曬問題。

013+014 斷熱+散熱，有效調節室內溫度

鋼構屋頂或外牆內部使用高密度保麗龍板隔絕熱輻射，其隔熱效果佳。同時在屋簷側下方設置沖孔板，多孔的表面設計，再加上氣窗的設置，讓蓄積於屋頂的熱氣能夠排出，同時發揮隔熱和散熱作用，有效調節室內溫度。

原始屋況 ▶ 為自地自建案。

圖片提供＿郭文豐建築師事務所

圖片提供＿郭文豐建築師事務所

攝影＿蕭竣鴻 建築設計＿原典建築 YD ARCHITECTS

015+016 陽台退縮，避開直接日照

由於為南北向的狹長形房屋，為了加強通風和採光，在房屋中段設置天井，大面開窗的設計創造自然對流。同時將陽台和樓梯內縮，既有了充足的採光，卻也能避開直接日曬的灼熱，創造宜人的舒適環境。

原始屋況 ▶ 為自地自建案。

攝影＿蕭竣鴻 建築設計＿原典建築 YD ARCHITECTS

Point

02 通風格局

017 讓風自然流動的開放設計

封閉又窄小的廚房，不只難以使用，隔牆更阻礙空氣流動，影響通風；因此拆除隔牆打開廚房，讓餐廚區能奢侈享受來自前後陽台的光線，並藉此形成良好的空氣對流，改善通風不佳問題；空間不足的一字型廚房，則利用開放式規劃增加中島設計滿足需求，也成為吸睛的視覺焦點。

原始屋況 採光來自前後陽台，原始廚房為封閉式規劃，且空間不敷使用。

圖片提供＿六相設計 Phase6 Design Studio

018 既能隔音又可通風的設計

屋主希望擁有大空間作為發呆休憩區，設計師便將陽台往內推，加大露台空間，並加裝大型落地玻璃門，密閉時可以隔音，使露台區安靜不受干擾；打開門時可以讓最外面窗戶的風透進客廳，不受阻礙。

▶ 客廳與躺椅區間原為隔牆，打掉後內推改為玻璃門。

圖片提供＿明代室內設計

圖片提供__相即設計

019 加開小窗，強化通風效果

原本浴室便裝有大片落地窗，為了顧及隱私和採光，在玻璃窗下半部貼上霧面貼紙，使其透光不透視。同時在另一牆面加開一扇氣窗，藉此強化對流，加速散熱和排濕。天花板上的乾燥機除了可以快速通風，也兼備暖室功能。

原始屋況 ▶ 原本僅有一扇落地窗，通風排濕效果不足。

020 利用空調循環阻隔油煙

封閉廚房改以開放空間，讓餐廳的大餐桌延伸過來不致有壓迫感，但又要解決廚房油煙問題，因此便將空調出風口裝在廚房門口上方，空調開啟後，客餐廳的空氣循環對流，廚房的油煙就不易飄入。

原始屋況 ▶ 原為封閉式廚房，不僅空間小，通風也受阻。

圖片提供__ Wooyo 無有有限公司

圖片提供＿明代室內設計

021+022 門窗相應加強對流

在洗手檯開啟大片窗戶，與此相對，床鋪右方有大片露台。不僅能眺望屋外大片自然風光，露台也能與洗手檯前的窗戶加強空氣對流。此外，中空的樓板更能將熱空氣散至頂樓讓臥房涼爽。

原始屋況 ▶ 樓板將兩層隔開，沒有樓梯通往樓上。

圖片提供＿明代室內設計

023 下雨天也能自然通風

拆除原始三、四樓間的樓板，對外窗換成下推式氣密窗，開放式的空間讓氣流得以環繞全室。而下推開窗有如斜屋簷，雨水不會飄進來，即便雨天也可以開窗，兼顧通風和遮雨效果。

原始屋況 ▶ 三樓與四樓的舊式公寓，兩層各自獨立無打通，且原始對外窗為橫拉窗。

圖片提供＿相即設計

圖片提供__FUGE GROUP 馥閣設計集團

024 有效開窗，引光也平衡室內溫濕度

這是間中古老屋，本身擁有前廣與花園，以及後院被山景環繞的優勢，因此，在規劃上，除了微調動線之外，設計者也特別在室內做好窗戶的安排計畫，如外推窗、氣窗等，保持室內空氣對流同時也能將自然光引入，有效平衡環境的溫度與濕度。

原始屋況 ▶ 原本室內採光未很理想。

025 創造讓風順暢流動的路徑

位於頂樓理應有絕佳通風條件，但原始開窗設計卻導致通風效果不如預期。在了解地理位置與風向後，重新安排開窗位置，創造流暢的對流路徑，窗戶尺寸同時變大，引進大量的光線與自然風，並能自在地在空間裡流動，創造出舒適又自然的環境，改善過去因室內溫度過高，而依賴冷氣的生活方式。

原始屋況 ▶ 位於頂樓的十幾年老房子，太陽直射造成室內溫度過高，且漏水壁癌問題嚴重。

圖片提供__奇拓室內設計 CHI-TORCH

圖片提供＿ FUGE GROUP 馥閣設計集團

026 打通隔間，獲得雙倍開窗

這是 50 多年的老屋，廚房區的梁下僅有 2 米 4 且本為封閉隔間，整體顯得十分壓迫，通風也不良。因此決定拆除廚房隔牆並向後移位，小窗與落地大窗相輔相成，使得通風量變大，也獲得雙倍採光。

原始屋況 ▶ 原為封閉式廚房，雖然有採光，但空間較小且屋高不高，容易感到有壓迫感。

圖片提供＿ Wooyo 無有有限公司

027 半開放設計調節通風

陽台的女兒牆改換成大片玻璃窗，使其仍保有通風，並讓陽台彷彿成為室內空間，再將和室延伸至陽台，中間以玻璃門出入，並可與陽台窗產生空氣對流，讓狹小的和室通風無虞。

原始屋況 ▶ 原為封閉陽台，空氣無法形成對流。

圖片提供＿FUGE GROUP 馥閣設計集團

028 利用空調加強處理廚房熱氣

由於格局需求緣故，多有實牆隔間。除了利用側窗引風外，也利用吊隱式冷氣加強通風和降溫。吊隱式冷氣不僅設置於客廳，也拉出管線引到廚房，並於藍色牆面上開排風孔，以提升舒適度，營造愉悅涼爽的烹調環境。

原始屋況 ▶ 藍色牆面後方為廚房區，較為悶熱。

029 調整抽風機位置，加強抽風效果

用水的衛浴空間需特別注重通風條件，以免滋生黴菌。開窗雖然有利於通風，但原來的抽風機抽風量不足，距窗較遠的區域仍會聚集濕氣，因此重新裝設功效增倍的抽風機，安裝位置也調整至接近淋浴區，如此便可及時將濕氣抽乾，有效改善潮濕，加強通風效果，讓空間變得乾爽。

原始屋況 ▶ 雖有開窗仍容易因濕氣過重滋生黴菌。

圖片提供＿裏心空間設計

030 加大採光窗，營造開放明亮空間

隔間牆不只容易阻擋光線，也容易形成空間裡的陰暗角落，選擇將客、餐廳之間的隔牆拆除，規劃符合生活動線的開放式設計，藉此解決原先封閉空間造成的通風問題。原來的三面落地窗擴增成四面，藉此拉寬採光面引入更多光線，即便是距離採光窗較遠的餐廚區，也能享受光線且不會有陰暗問題。

原始屋況 ▶ 餐廳原為封閉獨立規劃，光線不足且陰暗，空氣也不流通。

圖片提供＿奇拓室內設計 CHI-TORCH

031 開新窗，加強室內通風

臥寢區若採光過好會影響睡眠，為了不讓太多光線進入，又想讓室內有氣流經過。因此在臥房床邊加開透氣窗，同時拉低窗台位置，讓臥房的光源減少一半，又能達到雙面開窗的對流效果。

原始屋況 ▶ 臥房僅有一面窗，通風較不良。

攝影__Yvonne

032 拆除實牆引出對流

在廚房流理檯後方本來就有一陽台，但因為廚房有牆面，所以無法造成通風對流。設計師在打掉廚房與餐廳間的實體牆面後，後陽台的門窗便可與餐廳的窗戶通貫一氣，讓風道更為流暢。

原始屋況 ▶ 廚房與餐廳間有實體牆面。

圖片提供__相即設計

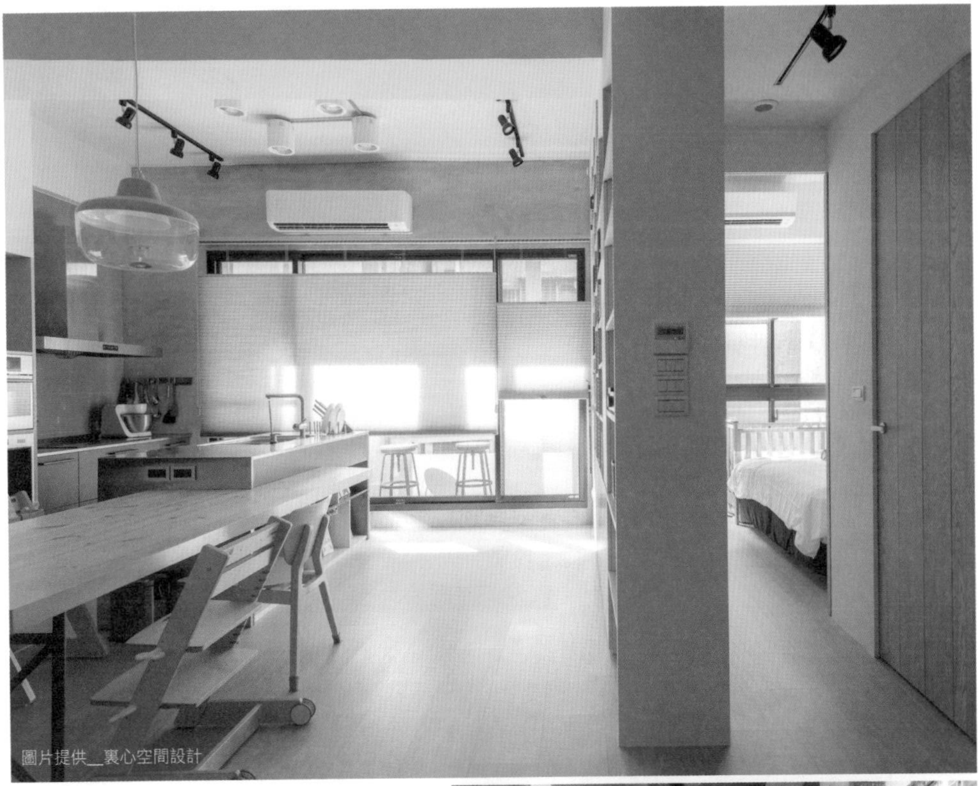
圖片提供__裏心空間設計

圖片提供__裏心空間設計

033+034 大面開窗解決採光與通風問題

位於熱鬧市區的老舊房子，選擇退縮留出陽台，並以大面落地窗解決被周遭大樓阻擋而採光受限的問題。落地窗衍生的居住隱私，選用可調節光線，且適當遮蔽視線的蜂巢簾來因應；陽台雖可隔離部分噪音、油煙，但顧及生活舒適度，室內仍裝設空氣交換機，就算長時間不開窗時，空氣仍可順暢對流。

原始屋況 ▶ 五十年的長型街屋，沒有前後陽台，再加上雖有採光窗，卻位於熱鬧街區，光線反被大樓阻擋，也因周遭車子、攤販油煙而無法開窗，造成室內空氣無法順暢對流。

035+036 建築中央內凹，創造通風環境

透天的長型街屋，面寬不到7米，深度30米，為了爭取房屋中段的採光和通風，在側邊略微內凹，設計T型側院並於牆面開窗；同時配合水泥空心磚，減少空氣阻礙，讓房屋前後半部都能創造通風對流，並引入光線。

原始屋況▶為自地自建案。

圖片提供＿郭文豐建築師事務所

圖片提供＿郭文豐建築師事務所

037 拉門設計為氣流開通道

基於要加大使用空間的緣故，因此縮短陽台尺度，改用大片拉摺門區隔空間。接著拆除室內隔間，形成全開放的設計。不只迎入了大量光線，隨時可調度的陽台拉門設計，讓風可恣意在裡頭行走且無阻礙。

原始屋況 ▶ 坪數小，又有實牆阻隔，導致氣流不通暢。

圖片提供＿FUGE GROUP 馥閣設計集團

038+039 留出天窗和天井強化室內對流

為了讓陽光、空氣、風都能自由流動，因此在室內開闢天井，並將樓梯移到此處。上方開出天窗，讓氣流得以經由樓梯向上攀升排出，不僅有充足的光線，室內空氣也隨之清新。

原始屋況 ▶ 室內格局不佳，容易擋住氣流。

攝影＿ Yvonne

攝影＿ Yvonne

圖片提供＿ FUGE GROUP 馥閣設計集團

040 打破氣流和光線的行走界線

由於窗戶位於房屋相對的兩側，為了讓空間通風順暢，因此中央隔牆打通，右側廚房也改為開放設計，氣流能毫無阻隔流洩其中。同時全室採取吊隱式冷氣，並分區控制，能夠有效節省能源耗損。

原始屋況 ▶ 廚房和中央走道本為封閉空間，採光和通風較不良。

041 拆牆引入自然氣流

調整原有的餐廳與廚房格局，將客廳移至此空間，並拆牆引光，安裝數個落地窗和紗門，客廳眼前的綠意自然呈現。使得風可以隨意流動，只要把窗戶打開，就可以享受沁涼的自然風。

原始屋況 ▶ 格局擋住風的流動，浪費原本的通風優勢。

攝影__ Yvonne

圖片提供＿奇拓室內設計 CHI-TORCH

042 選用亮面材質打亮封閉廚房

女主人擔心烹飪時油煙過多，因此決定維持廚房原始的獨立規劃，但唯一的開窗並無法滿足光線需求，於是設計師將廚房門片改為玻璃門，藉此讓客廳的大量光線，可穿透玻璃門達到打亮作用，並在廚房大量使用白色亮面材質，加強明亮效果，也減少封閉空間的壓迫感，至於原來的窗戶則保留下來，作為通風作用。

原始屋況 ▶ 廚房唯一的開窗位置位於社區天井位置，缺乏足夠採光。

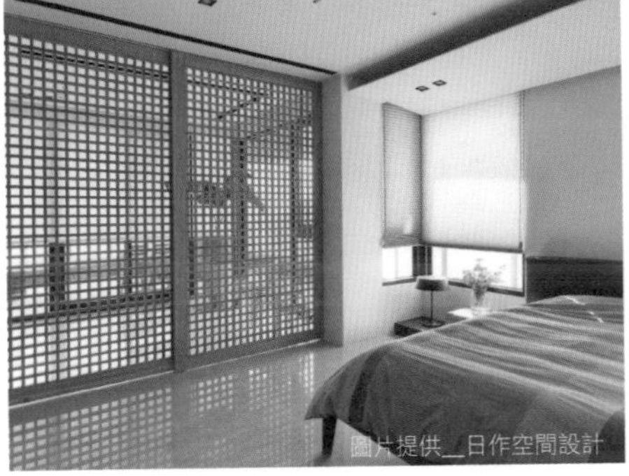

圖片提供＿日作空間設計

043 巧妙方格設計，回應通風採光需求

主臥雖有大片落地窗，擁有絕佳採光，卻也缺乏私人空間的隱密性，於是設計師捨棄原來會遮擋住光線的隔屏，改以二片格子門做取代，而門片上經過計算的 6×6 方格，不只達成保有適度隱私的需求，又不會因格子過密，失去通風與採光效果。

原始屋況 ▶ 在床鋪與落地窗之間，採用具體隔屏維持隱私、區隔空間，光線無法進入主臥空間因此採光略顯不足。

044 彈性隔間設計，不擋光不阻風

主臥運用可自由拉起的玻璃拉門，形成半開放的彈性空間，通透的玻璃讓光線無礙地流洩而入，而氣流也能順勢通過，加強整體的通風效果。整室以具有反射效果的玻璃和鏡面有效延展空間深度，創造有光和風的開闊環境。

原始屋況▶坪數較小，氣流和光線無法順利進入室內。

圖片提供＿FUGE GROUP 馥閣設計集團

攝影＿Amily 建築設計＿i² 建築研究室

045+046 運用天井和開窗設計，型塑自然對流

由於為多雨潮濕的地區，因此透過天井設計，再加上大面積開窗和開放式多孔洞的建築外觀，型塑對流通道。旺盛的通風效果，引風入室之餘，夏日不致悶熱，水氣自然也不做停留，沒有空調也能感受涼意。

原始屋況▶為自地自建案。

攝影＿Amily 建築設計＿i² 建築研究室

047 整併衛浴，加強通風排濕

雖有兩間衛浴，但坪數都不大，乾濕區無界線，潮濕水氣不易排出。因此將兩間衛浴整併，並改為乾濕分離，同時透過開窗引入日照、加強通風，地磚則採用仿舊木紋磚，不僅具有美化空間的效用，也具備易乾的特性。

原始屋況 ▶ 原有兩間衛浴都狹窄，其中一間四面無窗，缺乏日照和對流。

048 挪移位置，迎來光線與自然風

被安排在長型屋中段，沒有對外窗過於陰暗，首先將位置向後挪移接近採光面，藉由開窗增加採光、加強通風，但只靠一面窗，窄長的衛浴仍有光線不足的疑慮。所以大量使用白色系材質，利用淺色反射特性製造打亮效果，淋浴間也以清透玻璃做隔間，避免阻擋光線，而通風不足的問題，則藉由加裝三合一暖風機，輔助通風避免潮濕問題。

原始屋況 ▶ 廁所夾在長型屋中段，沒有對外窗，因此空間陰暗潮濕、缺乏光線。

圖片提供＿FUGE GROUP 馥閣設計集團

圖片提供＿奇拓室內設計 CHI-TORCH

圖片提供＿裏心空間設計

圖片提供＿裏心空間設計

049+050 調轉房門，保持通暢動線和氣流

為了解決動線和通風問題，將臥房房門變更，挪移至靠窗位置，與書房門口相對，通道形成串聯，藉此明確劃出公私領域行走動線。而面窗的優勢位置，則讓氣流得以順暢進入室內，也順勢增加光線量。

原始屋況▶空間過小，隔間阻擋採光和對流。

圖片提供＿演拓空間室內設計

圖片提供＿演拓空間室內設計

051+052 空間無所阻隔，通風採光一次滿足

這是一間作為度假用的招待會所，以飯店般精緻的概念為主軸，將更衣室、衛浴規劃於空間後方。床頭背牆刻意不做滿，即便只有單側採光，氣流和光線也能無所不入進到各個領域，也增加了通風對流的目的。

原始屋況 ▶ 為新成屋。

053 創造舒適的洗沐環境

為了解決衛浴的通風問題，善加利用原本房屋就有的戶外露台，挪移衛浴與露台相鄰。通透寬敞的拉門，不僅帶來好採光，也創造好對流，能快速帶走濕氣，而良好的露台景致則為洗浴時光帶來悠閒開闊的舒適感受。

原始屋況 ▶ 原本衛浴空間位置不佳，較為潮濕。

圖片提供＿摩登雅舍室內設計

圖片提供＿摩登雅舍室內設計

054 牆面不做滿，留出自然風道

為了改善原有的陰暗格局和不良通風，將客、餐廳對調，同時新建一道電視主牆，空間格局就此一分為二，擴增了客廳領域，而家人活動中心也移至採光充足的餐廚區。牆面刻意不做滿，光線和氣流自然流入，公共區域更為舒適。

原始屋況 ▶ 房屋中央陰暗，通風不良。

圖片提供＿圖片提供＿FUGE GROUP 馥閣設計集團

055 釋放一窗，創造氣流通道

原有衛浴面積過大，在 8 坪的空間中不成比例，因此決定退縮衛浴牆面，使公共區域更為方正。同時也釋出一扇小窗，還原 L 型的窗戶配置，創造通暢的氣流過道，通風對流更佳，也提升空間亮度。

原始屋況 ▶ 空間不到 10 坪，衛浴空間又太大，因此縮減公共區域的使用坪數。

圖片提供＿裏心空間設計

056 仰賴前後對流和設備加強通風

挪移廚房，拉到空間的軸心上，並與客廳、餐廳相連，用餐、工作、烹調機能再也無所區隔，形成一完整無區隔的生活領域。同時廚房也位於前後陽台的氣流通道上，輔以抽油煙機，加強排風，不致使油煙佈滿全室。

原始屋況▶空間坪數較小且為封閉廚房。

057 公領域全然開放，型塑暢通風道

從毛胚屋就開始設計的 45 坪空間中，公領域採取全然開放的設計，客廳、餐廚和書房相互連結，並刻意將廚房開放，氣流能自由從前後陽台進出，在室內恣意流通，形成良好的通風效果，打造不用冷氣也能自然涼的居家空間。

原始屋況▶為毛胚屋。

圖片提供＿明代室內設計

圖片提供__森叄室內設計

058 廚房設計成可開窗形式，兼顧機能與互動感

疫情下的生活，更突顯了廚房在家中的重要性，隨著自煮的頻率提高，廚房流理檯前的鐵件滑門設計，更顯得實用且重要。白色系的明亮廚房，除了出入口外，在流理檯前增添鐵件滑門，是設計師滿足男屋主希望與女主人下廚時也能有互動的巧思，不使用廚房時可將滑門打開，讓空氣流通；料理時關上滑門可以阻隔油煙逸散，遠看像裝有小窗的端景，廚房內的人也可透過玻璃時刻注意家中其他區塊成員的動向。

原始屋況 ▶ 原本廚房屬於封閉形式，也無法與家人產生互動。

圖片提供__演拓空間室內設計

059 安裝地暖系統，讓生活空氣更加舒適

空間過於潮濕，除了會讓環境成為細菌、黴菌的溫床，也不利於人體與屋況的健康。這是設計團隊所打造的智慧型長青住宅，在此案中，除了透過大面開窗、玻璃介質等，讓室內保有通透明亮外，另也結合物聯網系統，有效調節溫度、濕度、燈光、空氣品質等。像是在臥房裡安裝地暖系統，除了藉其維持空間的乾燥性與舒適性，對於家中有幼童、長者等成員來說，也能避免直接踩踏到冰冷的地面，讓身體受到刺激並感到不適。

原始屋況 ▶ 原空間一開並未配置地暖系統。

060 設計時將衛浴內所需的防潮櫃一併納入

並非所有衛浴皆能擁有良好的開窗條件，演拓空間室內設計設計師張德良建議，可以從後天加裝設備著手，像是除濕機等。以此衛浴間為例，他就在前期設計時規劃了一個防潮櫃，並將相關的除濕設備一併納入其中，讓屋主能定時開設除濕機，有效抑制濕度也有助於降低黴菌的滋生。若不使用時，則能將這些設備收放安置好，不會佔用空間內的使用走道，對安全又多了一層防設。

原始屋況▶原衛浴空間未加裝防潮櫃。

061 透過設備控管室內溫濕度與空氣品質

短時間無法擺脫的疫情，使得大家越來越注重居家環境品質，特別是細菌、空氣汙染等等。如果你也是不愛開窗，擔心室外空氣混濁，面對全天候的密閉空間，建議在裝潢規劃之初不妨納入空氣清淨機、全熱交換器、除濕機三大設備，達到淨化空氣的功能，就算不開窗也可以讓新鮮空氣循環。安裝上建議可一併與吊隱式空調裝設於餐廳上方的天花板內，並共用出風線板、維修孔，隱藏式的設備也可以避免家中角落擺滿各式小家電。

原始屋況▶原空間沒有完善的管控空氣設備。

Point
03
採光照明

062 鑿新窗迎入天光

為了要盡情欣賞戶外美景，決定在餐廳的對外牆加強採光和窗景。牆面中央的落地窗原為普通小窗，左側另按牆面比例再鑿新窗，讓光線大量進入，也拉近自然綠意，型塑純淨悠閒的用餐氛圍。

原始屋況 ▶ 為老屋，室內封閉又狹窄。

攝影＿沈仲達

063 巧妙材質應用，打亮效果更加倍

瘦長屋型最大的問題，便是隔間牆阻擋了位於前後或兩側的光線，造成空間陰暗。為了解決陰暗問題，拆掉廚房隔牆，將位於右側的光線被引入室內，並經由鏡面收納櫃牆的反射，讓打亮效果加倍，改善餐廳、玄關的陰暗感。屋主擔心的油煙問題，則以霧面玻璃折門應對，關上折門可阻擋視線和油煙，卻不影響採光。

原始屋況　採光位於瘦長屋兩側，廚房隔牆不只阻擋右側光線，更讓玄關空間變得陰暗。

圖片提供＿奇拓室內設計 CHI-TORCH

064 結合自然與人工光源，照亮長型老空間

單面採光的窄長型老屋，以自然光線結合人工光源作為照明規劃，前端採取開窗，藉此引進大量光線打亮空間，而光線無法抵達的中後段，採用人工照明作為主要光源，並利用門拱將前後空間做出隱形區隔，化解兩種光源的相異性，讓整體空間氛圍自然融合且不顯突兀。

原始屋況 ▶ 窄長型屋型，前端光線雖然充足，但中後段由於光線無法到達，通常比較有空間陰暗問題。

圖片提供__裏心空間設計

065 拆除厚重隔牆，自行製造採光優勢

拆除鄰近客廳的一房，並以開放式設計重新整合空間機能，而沒有了隔牆阻礙，單面落地窗擴大為兩面，雖是單面採光，但光線不只更為充足，也更毫無阻礙地抵達每個角落。而呼應變更後的絕佳採光條件，選用白色超耐磨木地板，並鋪貼至腰牆位置，強調輕盈明亮的空間感，又能有效平衡大量且略帶沉重感的水泥原色。

原始屋況 ▶ 現有的餐廳位置原先規劃為一房，而餐廚區則位於沒有開窗的位置。

圖片提供__六相設計 Phase6 Design Studio

066 光線肆意灑落的觀景大窗

由於窗戶過小，浪費了大面採光與觀景功能，在安全考量前提下，加大原來採光窗尺寸，六道大窗並採用 8mm 隔熱玻璃，確保在大量引進光線的同時，不會讓室內溫度也一併升高。而為了享受市區裡的難得採光，書房採用清透玻璃做隔間，光線與視線沒有牆面阻隔，空間看起來也更為寬闊明亮。

原始屋況 ▶ 採光面面寬雖然足夠，但由於並非開大窗，因此空間光線仍嫌不足，缺乏明亮感。

圖片提供＿奇拓室內設計 CHI-TORCH

067 玻璃天花注入大量光線

由於一家人都喜歡閱讀，因此書房是很重要的部分，為了能在閱讀的時候也享受到日光，在書房的半邊使用玻璃天花板，打造如玻璃屋般的氛圍。大量光線灑入，營造自然放鬆的閱讀場域。

原始屋況 ▶ 室內較為陰暗。

攝影＿Yvonne

圖片提供__裏心空間設計

068 利用兩面落地窗，引入大量戶外綠意

屋主希望能引進更多戶外的綠意，因此決定將位於客廳後方的一房拆除，藉此將原本兩個空間的大面落地窗做串聯，讓公共區採光更加倍，也能引進更多戶外景色，落地窗另外並以美式木百葉簾做搭配，利用百葉簾調整光線，營造不同空間氛圍，而且可完全打開的折門設計，也不會影響到視野。

原始屋況 ▶ 由於位在視野絕佳的位置，且周遭也有許多綠意，因此希望能將戶外窗景引進室內。

圖片提供__ FUGE GROUP 馥閣設計集團

069 窗台臥榻型塑靜謐場域

利用客廳大窗的景致，於下方設計臥榻，圍塑寧靜放鬆的場所，同時加上調光窗簾調度光量，能為空間帶來多變的光影。為了將光線深入室內，採用白色牆面強化日光反射。

原始屋況 ▶ 窗台下無臥榻，且客廳與廚房之間有實牆阻隔。

070 木作隔間中保留通道

拆除舊有水泥隔間，改以木作隔間區隔出客廳與浴室、臥房的場域。由於坪數較小，為使所有空間都有陽光照拂，刻意在窗邊留出通道，讓臥室與客廳之間沒有阻礙，空氣的對流會非常順暢，採光也能為兩個區域所用。

原始屋況 ▶ 客廳與臥房之間有水泥實牆，阻礙全室採光。

圖片提供＿明代室內設計

071 人與植物充分接收大片陽光

設計師利用大面積的落地門窗，在露台鋪上鵝卵石並種植大量綠色植物，因採光良好，植物可順利進行光合作用。白天大片陽光灑進客廳，採光充足，可以少開燈，節省電費。

原始屋況 ▶ 延續舊有落地窗設計。

圖片提供＿明代室內設計

072 兩層空間的通透採光

由於為長型的老屋格局，自然採光只有依靠一面窗戶。因此拆除部分樓板，做出挑空空間，面對向光處的臥房和扶手隔牆皆使用透光玻璃，光線得以向內延伸。

原始屋況 ▶ 三、四樓合併的舊式公寓，採光效果不佳。

073 運用穿透材質導引光線

被隔牆包圍的廊道盡頭，除了安排天花的嵌燈及隔牆的間接燈光，達到照明效果外，並將位於盡頭的廁所門片改為白膜玻璃門片，利用玻璃材質的透光特性，巧妙將室外光線引入廊道，藉此打亮廊道空間改善陰暗感，也添入些許自然元素。

原始屋況 ▶ 廊道盡頭被隔牆包圍，因此成為室內暗角。

圖片提供＿45tilt Design Studio／肆伍形物所

074+075 讓陽台成為室內空間的彈性，也創造出採光無阻隔的效果

疫情期間減少外出，不如讓陽台成為室內空間的一份子，將空間最大化。設計師使用清玻璃拉門區分室內與陽台的內外關係，關門時，陽台作為緩衝，將戶外帶來的落塵集中，也有空間安置戶外鞋與用品，作為消毒區使用。不出門時，拉門全開則有更大的活動空間。此外，拉門軌道採用預埋形式的巧思，讓地坪完成面高度得以一致。

原始屋況 ▶ 過去的格局配置，無法為室內採光劃設出一條無阻隔的路徑。

圖片提供＿45tilt Design Studio／肆伍形物所

076 窗外景色一覽無遺

將書房的隔間打掉，改以電視牆為隔間，兩側留出通道，不僅採光更加良好，且無論從書房或客廳望去，戶外美景連成一線不被阻斷。因需求考量，書房也增設立燈，作為閱讀時的照明。

原始屋況▶ 原書房為實體隔間，採光無法透進室內。

圖片提供__相即設計

077 浴室天窗巧思，解決通風與光線

由於衛浴本身無對外窗，為了能有自然光線的照拂，在洗手檯、花灑一側的天花，開了道長條形玻璃天窗，即可獲得來自窗外的日光與廚房光源，使空間溫馨明亮。由於角度關係，也完全不用擔心曝光。

原始屋況 ▶ 原本衛浴無對外窗，容易有通風和採光問題。

攝影＿沈仲達

078 大露台上的放鬆區域

設計師將露台往後加大成約五坪大小，再以玻璃門將露台隔為躺椅區及泡澡區，躺椅區大片落地窗及落地門，泡澡區則窗戶上半部以霧面玻璃阻擋窗外視線，讓露台與客廳每一處皆能接收大量採光。

原始屋況 ▶ 露台較小且只有兩坪，同時並未被分為兩個區塊。

圖片提供＿明代室內設計

圖片提供__六相設計 Phase6 Design Studio

079 捨棄一間房，換來奢侈享受自然光

原來的隔牆將採光面一分為二，客廳雖有採光但仍嫌不足，而廚房則因封閉缺少自然光源；在只有單面採光的條件下，改以開放式作為空間規劃，拆除隔牆釋放空間感，並藉由擴大採光面，讓自然光線充足且均勻地灑落在客廳和餐廚區，創造出一個開闊又明亮的生活空間。

原始屋況 ▶ 客廳後方的隔牆一分為二，分別隔成一房和廚房，廚房完全沒有採光來源，客廳雖有來自採光面的光線，但光線仍嫌不足。

圖片提供__相即設計

080 以燈光打造懸浮廚房

架高廚房地板，牆面與地面裝設L型嵌燈製造漂浮感，同時在天花板上加入長條燈帶，營造設計感十足的氛圍。再嵌入投射燈，作為在烹調時的工作照明。

原始屋況 ▶ 廚房地板與其他地面皆同一水平，並無墊高。

081 利用閣樓天窗加強採光

斜屋頂的閣樓原本作為儲藏室之用，設計師將大部分面積的樓板挖掉，裝上螺旋梯，利用原始天窗引光，改善下方臥房的陰暗。同時利用浮力通風原理，開啟天窗後熱空氣會往外排出，維持舒適涼爽的環境。

原始屋況 ▶ 原本以樓層之間有大面積樓板隔開。

圖片提供__明代室內設計

082 開放空間的加倍光源

由於客、餐廳的坪數皆不大，雖各有一面窗戶作為主要光源，但卻讓自然採光的效果減半。因此將客、餐廳和廚房實牆打掉，形成開放空間，獲得兩側光源得到加乘效果，有效解決空間的侷促感。

原始屋況 ▶ 客、餐廳和廚房之間均有實牆阻隔，不僅弱化使用坪數，也使位於深處的廚房相對陰暗。

圖片提供_相即設計

083 利用拉門讓客廳多一面採光

客廳後方的房間坪數較小，因此拆除實牆改以拉門的半開放和室，打開時能和客廳融為一體，房間的窗戶也成為客廳的採光來源，讓採光多一個面向。若需要休憩或獨處時，再將拉門拉上，和室便可與客廳隔開。

原始屋況 ▶ 客廳後方原為封閉房間。

圖片提供_ Wooyo 無有有限公司

084+085 空間微調，打造採光絕佳的生活場域

客餐廳為全家活動的主要區域，但臥房卻是採光最好的空間，設計師先將空間對調，將客廳與廚房整合成公共區域，並把廚房的實牆隔間拆除，利用開放式規劃製造拉闊空間效果，同時也可將採光面變寬，引入更多自然光源，強調開闊明亮的空間印象。

原始屋況 ▶ 原來是屋主作為休閒度假用的房子，格局便將光線最佳位置留給臥室，因此客餐廳反而顯得陰暗缺少光線。

圖片提供＿裏心空間設計

圖片提供＿裏心空間設計

圖片提供＿林淵源建築師事務所　攝影＿陳鵬至

086 光影賦予居家浪漫想像

由於本身的採光條件和基地環境良好，因此在室內的正中央和側面都設計大窗，運用大量玻璃材質，打造通透且明亮的視覺效果，飽覽自然綠意。同時引入充足日照，光影灑落創造幽靜閒雅的居家環境。

原始屋況 ▶ 為自地自建案。

圖片提供＿FUGE GROUP 馥閣設計集團

087 客廳轉向，就能自在迎光

將原本背光的客廳轉向，讓人坐在沙發處也能自在迎光；客廳同時向內縮移，留出靠窗空間作為書房。書房與客廳之間以噴砂玻璃和木皮相接的推拉門相隔。彈性的設計在平時不僅能保留採光，也可臨時作為客房使用。

原始屋況 ▶ 客廳原本是背對窗戶逆光，且有多一機能房的需求。

088 兼具採光與設計感的小窗

原始衛浴僅有一直型小窗，為了顧及採光充足及空氣對流，選擇再開一扇橫式窗戶，與衛浴台上方的長型橫鏡相互呼應，也貼心提高窗戶高度兼顧隱私。

原始屋況 ▶ 單一窗戶採光效果不佳。

圖片提供__相即設計

089 露台多開一道玻璃門

休憩區與露台以實木地板做一體設計，彷彿空間向外無限延伸，除露台正後方有落地玻璃門方便進出與採光之外，在右側打掉牆面，改裝小型落地玻璃門，讓休憩區的後方也能充分接收自然光線。

原始屋況 ▶ 露台與休憩區間以實牆區隔開來。

圖片提供__明代室內設計

圖片提供__頤樂空間設計有限公司

圖片提供__頤樂空間設計有限公司

090+091 連動拉門確保平面空間的獨立與完整性

考量此空間為客廳緊鄰廚房，設計師巧妙地將連動拉門帶入，有效阻隔廚房熱氣與油煙向客廳四溢，在霧面玻璃透光不透景的牽引下，保持室內的明亮，同時藉其開闔特色，確保平面空間的完整性。另外廚房原電器櫃拓增為乾糧與備品儲放區，至於下方則納入洗碗機，若遇因疫情需要天天在家開伙的情況下，洗碗機這個小幫手就能大幅解決主婦媽媽要不斷清潔碗盤的困擾。

原始屋況 ▶ 原為長向縱深格局，若未有效區隔，廚房熱氣會往客廳竄流。

092 隔間不做滿，光線順勢進入

由於為狹長格局，為了讓採光變好，保留空間的每一扇窗，同時隔間不做滿，讓光線得以順勢進入，走在這空間裡就能享受層層光影的感動。牆面使用大量白色，有效地讓空間視覺感放大。

原始屋況 ▶ 狹長空間採光不易進入，且有陰濕霉臭的問題。

圖片提供＿奇拓室內設計 CHI-TORCH

093 拆除隔牆，讓光線穿透空間

公共空間主要採光面位於社區中庭，室內採光並不好，於是將原來封閉式的空間規劃改為開放式設計，把阻隔來自南面光線的隔間牆拆除，以大面開窗展現採光優勢。生活必備的收納櫃，採用鏤空設計，藉此讓光線穿透櫃體，灑滿空間每個角落。

原始屋況 ▶ 隔牆過多，無法發揮南面採光優勢，導致公共空間採光不足。

圖片提供＿日作空間設計

圖片提供__六相設計 Phase6 Design Studio

094 善用穿透材質特色，巧妙製造明亮感

遠離採光面而顯得陰暗的廁所及樓梯間，設計師以具穿透效果的材質做解決。首先將樓梯間的水泥實牆，以清透的玻璃做取代，藉此把來自落地窗的自然光線導引至樓梯間加強明亮感，並巧妙利用材質折射特性，讓光線經由折射，順勢穿透將實牆改為玻璃磚牆的廁所牆面，改善無法開窗的陰暗問題。

原始屋況▶ 遠離採光面的廁所及樓梯間，缺乏光線顯得陰暗。

095+096 翻轉格局，迎入更好採光和綠意

原有客廳西曬嚴重，再加上後陽台的景色較佳，因此決定將客廳和餐廳對調，並拆除舊有餐廚隔間，客廳坪數不僅變大，甚至多了開放書房。同時採光面積擴大，前後陽台相互呼應，空間更為明亮，也將迷人風景引入室內。

原始屋況 ▶ 客廳有西曬問題，對外窗景不佳。

圖片提供 __FUGE GROUP 馥閣設計集團

圖片提供 __FUGE GROUP 馥閣設計集團

圖片提供＿摩登雅舍室內設計

097 拓寬陽台牆面，引入光線

由於原始空間日照不足，且以單側採光為主，因此拆除部分陽台牆面，拓寬開口，改以格子門窗區隔，通透的設計能引入大量陽光。沙發背牆刻意以弧形造型修飾，也是為了讓採光更為深入。

原始屋況 ▶ 早年裝潢封住一側小窗，再加上隔間較多，使得房屋中央無光。

098+099 穿透隔間獲得充足日光

由於採光僅有一側，且靠窗的餐廚區原為實牆隔間，讓客廳更為陰暗，因此向光側的廚房實牆改為玻璃，以獲得充足日照。全室採淺色木紋與淨白牆面有效反射光線，擴大空間感。

原始屋況 ▶ 廚房為封閉式且坪數偏小，難以進行工作。

圖片提供＿FUGE GROUP 馥閣設計集團

圖片提供＿FUGE GROUP 馥閣設計集團

圖片提供_相即設計

100 玻璃隔間取代實牆，引戶外美景

衛浴與臥房之間的隔牆拆除，改以玻璃窗區隔，洗浴時也能眺望戶外遠景，塑造悠閒的沐浴空間，同時整體有向外延伸的增大效果。窗上利用捲簾兼顧隱私。

原始屋況▶ 浴室與臥房原有實牆阻隔。

101+102 挑高大窗，拉高空間穿透感

為了強化公共區採光，刻意將落地窗向上拉高至二樓高度，讓光線灑進二樓，同時利用白色牆面反射光源，照亮室內深處；而另一側的休憩區，則利用陽台落地門開創自然光源。

原始屋況▶ 客廳落地窗並未挑高至二樓。

圖片提供__明代室內設計

圖片提供__明代室內設計

103 相連街屋中央開天井取光

由於兩棟街屋的屋主為好朋友，於是兩棟建築的相接處設計天井，讓兩戶都能享受大量採光。而為了顧及隱私，面天井側的室內格局，則配置工作區等公共空間，並於窗台加裝窗簾，可依需求隨時遮蔽視線。

原始屋況 ▶ 為 921 地震時倒塌的房屋拆掉重蓋。

圖片提供＿郭文豐建築師事務所

104 破除實牆，光線不受阻

拆除兩房隔間，陽台略微內縮，再利用大片玻璃拉門引進採光。巧妙的格局更動與結構梁平行的燈光設計，讓採光不佳、屋高不足的問題消弭於無形。

原始屋況 ▶ 隔間多造成採光不佳，且原始屋高較矮。

圖片提供＿FUGE GROUP 馥閣設計集團

圖片提供＿明代室內設計

105 拆一房，擁抱開放明亮

開闊的對外陽台卻被封閉廚房擋住，隔絕了戶外綠意和日照，客餐廳也因此被分割為L型區域。拆除廚房並移位，光線自然流洩而入，客廳和餐廳挪至靠近陽台處，開放的設計讓整體更為明亮。

原始屋況 ▶ 封閉廚房封住對外陽台的出入口，不僅遮擋光線，也干擾公共區域的動線。

攝影＿劉士誠 空間設計＿大晴國際室內裝修設計股份有限公司

106 破除封閉格局，光線自由進出

3人小家庭不適用原本建商規劃的2＋1房格局，因此設計師決定釋放空間，將原本主臥房牆面移除讓公領域光線更充足，並運用旋轉電視牆減少隔間，形成開闊自由的生活場域。

原始屋況 ▶ 原先為二房格局，使得公共空間深度相對縮小且狹長。

107 穿透屏風保有採光與隱私

舊有客廳因大梁經過而封住天花板，導致屋高過低，決定拆除重做天花，同時外推陽台，不僅提升屋高，也讓日照也更深入室內。另外，為提升格局隱私，在入口以二扇石材搭配鈦金屬框的屏風做遮掩，搭配中間鏤空讓視感穿透，維持玄關採光亮度。

原始屋況 ▶ 屋高較低，室內較為陰暗，同時大門與其他鄰居對門而立，隱私稍嫌不足。

圖片提供 _FUGE GROUP 馥閣設計集團

108 捨棄隔牆，迎向明亮開闊

40 年老屋重新整合空間，拆除一房改為書房，拓寬公共區域。客廳與書房的開放設計，不僅有效放大空間，也讓原本被隔間阻擋的一窗被釋出，擴大採光面積。運用百葉調光，適時保有隱私。

原始屋況 ▶ 超過 40 年的老屋，屋況不佳，除了較為陰暗之外，也有老舊水管漏水問題。

圖片提供 _ 演拓空間室內設計

攝影＿Amily

攝影＿Amily

109+110 縮調轉房門迎光

將原有三房縮為兩房，留出空間轉為客廳領域，同時調轉主臥入口面對陽台，並使用四片玻璃拉門，整面開窗的設計讓光線得以灑入室內。拉門刻意選用透光不透視的材質，在光線射入的同時也能保有隱私。

原始屋況 ▶ 近 40 年的老公寓，三房兩廳的規劃不符合使用需求，加上過多的隔間導致採光昏暗、動線不良。

111 自然光與間照雙管齊下，採光量加乘

餐廳與客廳並列，一直線的配置讓餐廚的光線得以深入客廳內部，增加室內採光。具有設計感的橫梁天花，讓鄉村風格更為濃厚；加上間接燈光的輔助，視覺無意識地向上延伸，提升原本低矮的室內高度，也讓陰暗空間更為明亮。

原始屋況 開窗面積和數量既小且少，室內採光嚴重不足。

圖片提供＿摩登雅舍室內設計

112+113 半牆設計，採光不受阻擾

為了不辜負戶外的美好景色，將公共區域的隔牆打掉，客廳與書房之間採用半高隔間，並搭配大面積的玻璃窗，從客廳就能直視窗外，不僅讓公共空間的採光十足，自然美景也盡收眼底。

原始屋況▶空間坪數雖然足夠，但隔間眾多被切割零碎，不符需求。

攝影 _Yvonne 空間設計 _SYK 拾雅客空間設計

攝影 _Yvonne 空間設計 _SYK 拾雅客空間設計

攝影＿劉士誠　空間設計＿禾秝空間設計事務所

114 拆除局部隔間，創造空間最大效益

移除封閉式廚房隔間，光線順勢進入室內，採用半高廚櫃區隔空間，既不擋光也能劃分空間界線。整合客廳、餐廳及廚房區域，型塑明亮的開放式公共區域，使得坪數不大的空間有了自由的解放感。

原始屋況 ▶ 原本封閉式的廚房阻擋空間主要的進光來源，使單面採光的 15 坪小空間更加昏暗，有壓迫感。

圖片提供＿摩登雅舍室內設計

115 隔間牆成採光重要樞紐

為了解決狹長屋的陰暗問題，將書房與臥房之間採取透明隔牆作為區隔，有效劃分空間屬性，也能讓光線進入每一個內室空間，成功點亮各個場域。不做滿的隔牆也成為氣流和動線重要通道，動線、採光和通風一次搞定，滿足舒適居家的必要條件。

原始屋況 ▶ 狹長屋型再加上只有前後採光，房屋中段顯得陰暗無光。

116 拓增主臥，順勢也加大採光

由於原有格局不符所需，隔間太多分配到能使用的坪數不足，因此將原有的狹小三房改為兩房，擴大主臥空間，大面積的落地窗讓足夠的光線進入，並輔以訂製百葉調整進光量，也能減少悶熱和保有適當隱私。

原始屋況 ▶ 隔間被切割零碎，使用機能不足。

圖片提供＿摩登雅舍室內設計

117 格局解放，光線大量湧入

由於原始格局的客廳較小，客廳後方又有一房，不僅狹窄、採光也被阻隔。因此幾乎拆除室內所有隔間，陽台外推，並將廚房和主臥對調，客、餐、廚三區無隔間的設計，讓光線和氣流自然流洩，形成開闊明亮的空間場域。

原始屋況 ▶ 30 年以上的老屋，屋況不佳，採光較為陰暗。

攝影＿Amily 空間設計＿拓樸本然空間設計

圖片提供＿明代室內設計

圖片提供＿明代室內設計

118+119 牆面不做滿，廊道也能有光

客廳與書房之間採用局部玻璃隔間，電視牆不做滿，留出兩側通道，為雙區之間創造出更多互動的環狀動線。而書房則刻意不做隔間，以架高地板劃出領域，讓光線有效向房屋中央延伸，營造深度感，讓中央廊道也能獲得光明。

原始屋況▶ 為毛胚屋。

圖片提供＿明代室內設計

120 拆除阻光障礙，空間變更亮

拆除客廳後方的小房間，讓出更大視野與使用空間，通透的開放設計擴展空間深度，同時也使兩扇窗的採光更佳融洽互映，獲得充足的明亮光源。窗邊則設置臥榻，為公共區域注入隨性療癒的氛圍。

原始屋況 ▶ 客廳後方的房間坪數太小不敷使用。

圖片提供＿摩登雅舍室內設計

121+122 調整格局，破除屋宅陰暗

在採光不佳的房屋中，順光配置客廳位置，後陽台的光線得以深入內部，並利用淺米色牆面提亮空間；同時部分電視牆不做置頂，有美化修飾的作用之外，也能讓書房的光線透入，擴增採光量。

原始屋況 ▶ 27 坪的房屋中，隔間太多，光線進不到房屋中央。

圖片提供＿摩登雅舍室內設計

123 牆面退縮，光線得以入內

在僅 10 坪的小宅內，為了不遮擋大面採光，電視牆退縮置於空間中央，留出靠窗廊道，光線則得以深入，且電視牆不做置頂，即便在廚房也能感受日照煦暖。另外，廊道作為動線使用的同時，透過升降桌賦予複合機能，有效使用坪效。

原始屋況▶ 空間僅有 10 坪，格局不易規劃。

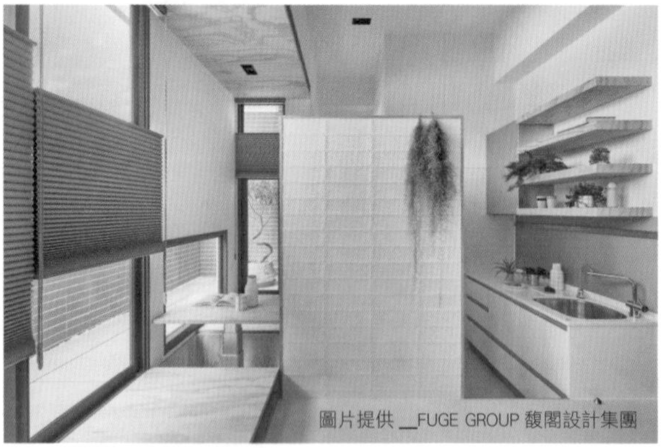
圖片提供 __FUGE GROUP 馥閣設計集團

124 通透玻璃隔間，明亮光源放大空間感

書房打掉原來的水泥隔牆，釋放一窗光源，採光面積加倍，同時改以清透玻璃做隔間，滿足隔間功能亦有延伸視覺效果。通透明亮的採光也進入客廳，有效讓原本狹小的空間放大一倍。

原始屋況▶ 只有 16 坪大小的空間，水泥隔間不透光，視線受壓迫形成狹隘的空間感受。

圖片提供 __ 裏心空間設計

攝影 __Amily 空間設計 __SYK 拾雅客空間設計

125 玻璃書屋，擁抱充足採光

客廳雖然面積寬闊，但深度太深產生無法利用的閒置區域，因此決定加做書房，並以玻璃隔間劃分領域，既能充分利用空間，加強使用機能，也能維持開闊的視覺感受。玻璃穿透的特性讓大量採光自然流入，整室明亮通透。

原始屋況 ▶ 客廳縱深太長，造成閒置空間。

126 運用通透材質，光線無阻礙

原本開放式的小空間使用率不高，因此在重新調整格局後規劃為小孩房使用，巧思的以透明拉門讓在內凹處的空間有充足的光線，使光線可深入房間，也大幅開展小朋友遊戲玩耍的活動範圍，局部牆面採用亮眼的粉紅色，創造明亮空間。

原始屋況 ▶ 為 2+1 房的格局，其中一房無隔間，空間小也難以使用。

攝影 __ 劉士誠 空間設計 __ 大晴國際室內裝修設計股份有限公司

127+128 打開地下室並留扇小窗，讓整體環境變得明亮

將原本沒有用的天井優勢放大，將地下室的空間打開，藉此設計成一個舒適的戶外區，並利用兩側落地窗及折疊玻璃門串聯父母房及多功能室，特別在地下室廊道留了一扇小窗，將天井光線透過玻璃引入室內，連帶也讓地下室變得明亮。同時設計者也採取「景觀窗」與「對外開窗」並行方式進行，特別是對屋開窗形式上，除了常見的水平開窗，另也有上向外推窗型，由下而上外推的設計，雨水可順著窗戶斜度滑下，不怕屋外雨水跑進室內，也有助於通風；大玻璃折疊窗也是常見的窗型，可提供全然開放的通風與採光。

原始屋況▶ 30 多年的老屋大樓，因為格局差，導致動線狹窄及昏暗不通風潮濕問題。

圖片提供／FUGE GROUP 馥閣設計集團

圖片提供／FUGE GROUP 馥閣設計集團

圖片提供__元典設計有限公司 The Origin Design

圖片提供__元典設計有限公司 The Origin Design

129+130 以白框玻璃線板牆，讓室內保持通透明亮

此案設計者將原有開放式餐廳移位，以白框玻璃線板牆，建構出一間獨立書房，穿透隔間讓室內保持通透明亮之餘，也可讓大人隨時關照到小孩的狀況。室內刻意不採取過於固定、制式的傢具配置，預留未來可彈性做運用，像現在面臨長時間待家生活的時刻，需要轉作為大人臨時辦公室，或是轉作為小孩線上學習室，皆游刃有餘。

原始屋況 ▶ 原空間有著不規則的格局。

圖片提供__日作空間設計

圖片提供__日作空間設計

131+132 大樓間享受日式緣側之美

拆除原先狹窄的南向陽台牆面，置入3mX3m的內庭，引入更充沛的日光，也串連南北向通風。景觀陽台融入「日式緣側」創意，打造出彷彿置身室外的空間，防水、排水設計上也特別留心，架高的緣側選用了防潮效果佳的塑木，碎石子下則鋪上蘭花網、往下再加上排水板設計，層層過濾落葉、灰塵等，避免排水口堵住，並保持乾燥不讓青苔生長。

原始屋況 ▶ 原格局南向陽台牆面較為狹窄，阻礙了光的引入。

133 大面落地窗景，替家引光納景

享有群山環繞、滿眼翠綠的好窗景，是這個家的最大特色，設計師以大面落地窗景，放大了坐擁山景的優勢，也讓室內更為通透明亮。此外也輔以東方哲學的「山・水」為靈感，以及水帶財來的設計語彙，將沙發背後的主牆，貼上偶數成雙、神態悠游的魚兒，形成一獨特的壁面裝置藝術，適度展現出家的人文品味。

原始屋況 ▶ 新成屋重新規劃。

圖片提供__演拓空間室內設計

134 以玻璃做隔間，增加空間通透性

這是間 20 坪大的空間，設計者打開公共空間並巧妙利用屋高優勢，創造高機能性的三房兩廳，其中規劃了一間半開放式書房，利用半穿透式的玻璃隔間，搭配玻璃拉門與隔簾，形塑舒適又通透的視野。特別是現在因疫情關係，不少人需要居家遠端上班，日後在進住宅規劃時，不妨可參考此方式在家中設計一處能夠兼顧交流與獨立工作的空間，但要特別注意的是，玻璃拉門的氣密性與隔音會比一般門片差一些。

原始屋況 ▶ 原空間以實牆做劃分，缺少一間兼具隱密與採光的書房。

圖片提供__拾隅空間設計

135+136 可種植花草、放鬆身心的日光陽台

在疫情肆虐無法隨心所欲的外出接觸自然時，如何在家保留一處空間可以調整心情呢？半戶外陽台空間是最好利用的，既可在這種植花草，還能放鬆身心。在玻璃折門的運用下，維持了陽台的採光，更能與室內相連，將光線、綠意皆延伸入室，成為客廳最美的風景。原處剛好有排水設計，設計師還貼心地安置了一道植生牆，搭配定時澆灌系統，養護上方便、容易，也為小環境增添朝氣。

原始屋況 ▶ 原格局為一和室形式，希望改成日光陽台種植花草，也讓室內採光更好。

圖片提供＿ SophySouldesign 沐光植境設計事業

圖片提供＿ SophySouldesign 沐光植境設計事業

圖片提供__巢空間室內設計 NestSpace Design

137 膠合雙層玻璃做隔間，清透又無壓迫感

在家上班，缺乏如辦公室一般的規律節奏，也可能隨時被家人或室友干擾，想有個獨立空間專注工作，是不少上班族的渴望。建議未來在進行居家規劃時，可配置一個完全密閉且隔音性佳的工作室空間，讓家庭成員即使居家工作加班趕工，也能降低對家人的干擾，自己則保有專注的空間。此案例中選用5mm+5mm 膠合雙層玻璃做固定隔間，除了有高規格的隔音性及氣密效果外，玻璃材質減少因隔間牆產生的壓迫感，賦予空間清透感十足的內外連結性。進出工作室的拉門也加入隔音材質，確保關門後的最佳隔音性。

原始屋況▶ 雖然新成屋，但希望能有一間通透書房，又不影響室內採光。

圖片提供__FUGE GROUP 馥閣設計集團

138 善用天窗，同時擁有自然光與景色雙優勢

若是透天獨棟或狹長屋型，建議可以於中間段的上方設置一處天窗或玻璃屋，除可藉此引進自然光入室內，緩和室內的陰暗感受；另外還可以透過煙囪效應，運用屋頂及地面不同的溫差，吸引熱氣由上方排出，冷空氣由低處帶入，自然就能讓空間的對流更為旺盛。

原始屋況▶ 原本室內的採光沒有很好。

圖片提供__圖片提供__ FUGE GROUP 馥閣設計集團

139+140 內縮空間打造半戶外綠意陽台

這間 33 年的老屋因為擁過多封閉隔間阻擋了光線，設計者除了將至內的直角以弧形取代，並讓走廊以喇叭狀由外向內延展，讓視覺尺度得以開展。特別的是，在稍微內縮一點室內空間後，選擇有開窗面向，再運用設計手法，同時地坪以木紋地板點綴，以及透過水泥砌出樹穴種植多樣樹景，營造出半室內、半戶外的效果，不僅讓小環境更加明亮，放張搖椅即可在這放空自我，就算宅在家一點也不無聊。

原始屋況▶ 擁有過多封閉隔間，因而阻擋了光線。

圖片提供__圖片提供__ FUGE GROUP 馥閣設計集團

圖片提供＿禹樂空間整合

141+142 讓陽光與空氣自然流轉

居家防疫，長久待在家無法出門，加深不少人對戶外的嚮往，禹樂空間整合設計師陳嗣翰建議善用花園作為空間靈魂使用，例如此案將老屋與鄰棟之間、可作為花園使用的三角畸零地與一樓空間做高度連結，除了將原有窗口做大外，也在廚房設置了一個連通室內外、可坐可臥的框景，不僅改善原先缺乏陽光照射與新鮮空氣進不來的缺點，也讓花園成為客廳、廚房視覺延伸的焦點。

原始屋況 ▶ 40 年左右的老透天厝，缺乏陽光照射、新鮮空氣無法流通等問題。

圖片提供＿禹樂空間整合

143+144 居家玻璃溫室花園打造儀式感

在進出家門必經的前庭建構生活儀式感，植入大量日照，更置放一座長方形的玻璃溫室，讓屋主一家盡情種下喜愛的植栽，孩子也能從小開始親近土壤的質地，被自然滋養著。緊鄰牆面的植栽槽，配有獨立的木製蓋板，沒有種植時蓋上便可作為臥榻使用。玻璃採光罩設計可省去戶外清理落葉及灰塵等繁瑣之事，使用上更加愜意。

原始屋況 ▶ 40年的老屋，原本格局不佳，廊道過多導致光線無法進入室內。

圖片提供__巢空間室內設計 NestSpace Design

圖片提供__巢空間室內設計 NestSpace Design

圖片提供__Simple design studio 極簡室內設計

圖片提供__Simple design studio 極簡室內設計

145+146 半牆維持空間獨立與明亮，同時又能與毛孩互動

書房兼貓房的設計，讓主人在家工作時也可以與寵物親近。考量朋友到訪等使用情境，貓房以玻璃做隔間，必要時能將貓咪隔離，同時半牆的設計賦予空間一定的隱密性，能隱藏電腦線材等。半牆不做滿，讓視覺上更遼闊，從玄關就能直接透視貓房。貓房內部也考慮貓咪使用習慣，臥榻下有隱藏式貓砂盆，也有大半的書架空間供它們使用。

原始屋況▶ 希望在維持空間通透下，又能給予毛小孩無壓的活動空間。

Point 04 抗汙節能

147 超耐磨木地板居家清潔更方便

防疫期間，居家清潔是相當重要的一環，室內空間鋪設超耐磨木地板，具有易清潔保養、耐磨耐刮、易擦拭等優點，對消毒作業更加有利。擅用材質與色彩堆疊的禾光室內裝修設計團隊，設計師特別在此案裡，以超耐磨木地板做鋪設，除了藉由木元素替室內帶來自然溫度，也利於日後清理。

原始屋況▶此為新成屋。

圖片提供__禾光室內裝修設計有限公司

圖片提供＿森境室內設計

148 防疫必備規劃！落塵消毒專區設計

將玄關作為式外與屋內的過渡空間，作為後疫時代下，在外奔波一天後，先進到落塵區，從平台上取用酒精噴灑消毒，脫去外套與口罩後，才進到家中，享受放鬆的情境。落塵區利用磁磚耐水、抗汙的特性，就算從門外帶進塵土也容易清理；預留櫃體下方空間的作法，讓時常穿著的外出鞋有了去處，使玄關發揮各樣實用的機能。

原始屋況▶ 原本玄關機能單純，未設有防疫需求的考量。

149 快炒廚房設立門片，避免油煙向室內溢散

設計師在格局中另闢一間快炒廚房區，利於女主人料理上需大火快炒時之用，為烹調時熱氣與油煙向室內溢散，以長虹玻璃門做門片，保持整體採光性，當門關上，也能避免直視廚房的凌亂；另也以拋光人造石築起料理檯面，一體成型的設計，不會有溝縫產生，有效帶出整體的細膩美感，也利於清潔與保養，日後在做設計時也可參照此作法，有助維持家中的環境整潔。

原始屋況▶ 原空間廚房只有一區。

圖片提供＿元典設計有限公司 The Origin Design

圖片提供＿森叄室內設計

150 玄關落塵區，打造防疫需求過渡空間

位於玄關旁的儲物間，設計師採衣櫃式設計改變傳統儲藏室幽閉狹小的印象，沿著進門的動線，屋主可以將外套、包包等外出使用的物品，在玄關消毒後順手放入汙衣區；儲物空間減少層板區隔，下層可靈活收納大型家電，中層放置儲備的民生用品，上層則可以收納不常使用的行李箱，平時將滑門關起就是一道富有變化與機能的牆面。

原始屋況▶ 原本而間沒有設置專放汙衣區的衣櫃。

圖片提供＿禾光室內裝修設計有限公司

151 一日衣櫃殺菌更安全

玄關或房間擺上一台智慧型電子衣櫃，將每日的外出衣物放入，不僅能殺菌，還能除臭烘乾，疫情時代下更顯安全。另外，若放置在玄關，挑選鏡面的款式還能充當全身鏡使用，拿出外套穿上後藉由櫃門就能確認自己的打扮，空間設計上也能更加融入。使用上必須留意的是，電子衣櫃需要有專用迴路。

原始屋況▶ 原本沒有配置殺菌衣櫃。

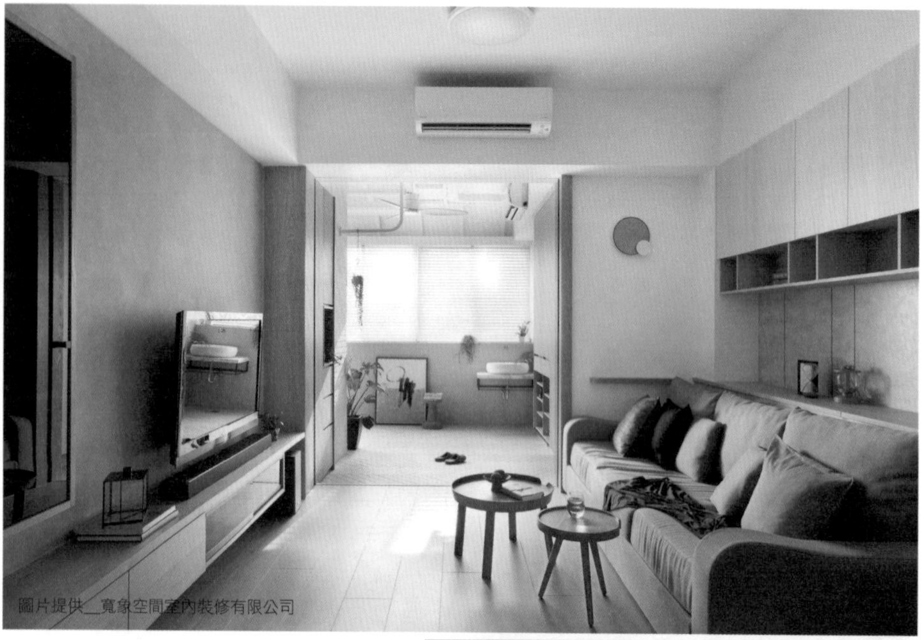
圖片提供__寬象空間室內裝修有限公司

152+153 設計讓原本的玄關機能滿滿

原本屋況、格局不錯，經重新裝修後，將陽台改造成聚會、工作等彈性用途空間，同時在入口處設有洗手檯，讓人回到家便能洗手消毒。此外，空間大、帶點法式浪漫色彩的玄關也能更加彈性運用，平日可作為吃早餐、喝咖啡，沉澱心靈的角落。假日放了充氣泳池，用洗手檯放水便能搖身一變成小孩的嬉戲場所。玄關與客廳間呈開放式，由對外窗將空氣引入，屋內吊扇作循環，達到通透的效果，需要時也能以摺疊門做隔絕。

原始屋況 ▶ 雖是 24 年的老屋，但是原始屋況、格局還算不錯，希望透過設計讓機能更完整。

圖片提供__寬象空間室內裝修有限公司

154 外出用衣物櫃以格柵保持通風

私領域主臥房，不僅將出入動線改向，更將大衣櫃與梳妝檯整合在同一側牆面，視覺簡練整齊，使用動線也順手。特別的是，設計師於梳妝檯旁規劃了一處可暫放外出用衣物的櫃體，利用格柵作為門片，兼顧通風及完整收納效果。旁邊即為浴室，若真的想清洗，也能快速移至衛浴區，減少讓髒衣物觸碰到乾淨空間或其他衣物的可能性。

原始屋況 ▶ 原格局配置裡沒有規劃殺菌衣櫃。

圖片提供__頤樂空間設計有限公司

155 將衛浴緊鄰玄關，養成回家就洗手的習慣

為了讓家人有嶄新的生活，小孩能在更好的環境長大，屋主買下了這間 15 坪大的新屋，希望在空間裡安置合宜機能，滿足生活所需。除了打造一處多功能的生活平台外，也特別將衛浴緊鄰玄關處，後疫情時代下，回頭再看這樣的設計，前者能夠讓大人小孩長時間待在家不怕無聊，後者則能養成入門就先做手部清潔的習慣，把病毒、汙染源給阻隔在外。

原始屋況 ▶ 15 坪的空間，希望在重新規劃後，機能可更加實用。

圖片提供__FUGE GROUP 馥閣設計集團

156+157 玄關櫃內加設紫外線定時開關燈，有效把病菌阻絕在外

面對疫情，如何透有效地把毒物、細菌隔絕在居家外，成多數人關注的重點。在本案裡，頤樂空間設計有限公司設計總監方淑貞以玄關為切入重點，利用地坪計劃以六角磚與耐磨地板區隔出落塵區，在玄關櫃體上，特別做中鏤空設計，予以屋主用來擺放相關清潔物品，提醒自已與家人室前先做清潔消毒的動作。因業主本身為醫生，為保護同住家人，特別取玄關櫃一部分作為外出衣櫃，並於內設置了紫外線定時開關燈，既可清潔殺菌也能有效阻絕病毒入室的可能。

原始屋況▶開放空間，較不容易區分及介定各環境範圍。

圖片提供_頤樂空間設計有限公司

圖片提供_頤樂空間設計有限公司

圖片提供＿六相設計 Phase6 Design Studio

158 舊料再生，展現新風貌

這是為了退休而重新打造的舒適自然居家，由於舊家原先使用大量上好木作，因此拆除舊家的檜木重新拼接成電視主牆，經過謹慎的排列拼貼，型塑出直紋意象，不僅保留原始的居家味道，也讓舊料重獲新生。

原始屋況▶本身舊家有二手檜木，為了不浪費資源，希望能重新利用。

159+160 透過水池和屋簷集中雨水

屋頂的雨水收集到地面的水池，不需重新注入填滿，隨時維持在一定水位。水池範圍向外延續至中庭，一樓地板挑高，下方便利用水池調節室溫；同時由於地板未緊貼地面，能夠減緩常見的反潮現象。

原始屋況▶為自地自建案。

圖片提供＿郭文豐建築師事務所

圖片提供＿郭文豐建築師事務所

161 回收檜木拼接牆面

利用廢棄的舊檜木壁板，作為客廳牆面的材質，刻意不經整修、美化處理，所以木板上還看得到之前角材固定與釘孔的痕跡。檜木壁板斑駁的紋路，也增添了歲月悠悠的氛圍與懷舊氣息。

原始屋況 ▶ 為老屋改建，格局不符需求。

攝影__ Yvonne

162 舊木料拼就質樸美感

蒐羅寬度一致的門斗、窗斗，拆解後將它們作為地板材質，鋪設公共區。木料的長度長短不一，顏色深淺及紋路也不盡相同，但整體看來反而有種未經雕琢的天然美。

原始屋況 ▶ 原始格局較多隔間。

攝影__ Yvonne

攝影＿賴建興 建築設計＿吳語設計

163 水循環系統有效降溫，降低電力使用

因山坡地區前方土地微傾，建築師因應此區地形的高低落差，特別將前方架高 1.8 公尺設計成淺水池，引進山泉水的循環系統調節環境溫度，不僅有效控溫，也能減少電力使用，達到節能目的。

原始屋況 ▶ 為自地自建案。

164+165 建築降溫+太陽能系統，電力不浪費

東部地區擁有日照豐富的特質，因此特別加裝了太陽能系統，將日照轉化成電力，充分使用。並於建築外觀作了深遮簷設計，提供充足陰影及半戶外空間避免日光直射，有效控制溫度，節省電力之餘，同時保留明亮光線。

原始屋況 ▶ 為自地自建案。

攝影＿高信宗　建築設計＿黃斯聖建築師事務所

攝影＿高信宗　建築設計＿黃斯聖建築師事務所

禾秝空間設計事務所
hance@hl-interior.com
02-2215-0180

百速國際工程
service@pesuh.com.tw
03-956-3018

吳語設計
handw-sign@hotmail.com

明代室內設計
ming.day@msa.hinet.net
02-2578-8730・03-426-2563

奇拓室內設計 CHI-TORCH
info@chitorch.com
02-2395-9998

林淵源建築師事務所
linyuan.yuan@msa.hinet.net
02-8931-9777

拓樸本然空間設計
02-2876-7499

相即設計
info@xjstudio.com
02-2725-1701

拾隅空間設計
02-2523-0880
service@theangle.com.tw

前置建築 Preposition Architecture
hello@preparch.com
02-2570-6011

禹樂空間整合
yulespace2017@gmail.com
02-2601-6466

原典建築 YD ARCHITECTS
yda@ydarch.com
04-2376-4175

郭文豐建築師事務所
lulugo@ms46.hinet.net
03-932-7364

巢空間室內設計 NestSpace Design
nestdesignmail@gmail.com
02-8230-0045・0970-719-427

黃斯聖建築師事務所
08-935-1285

森叄室內設計
sngsan02@gmail.com
02-2325-2019

裏心空間設計
rsi2id@gmail.com
02-2341-1722

演拓空間室內設計
ted@interplaydesign.net
02-2766-2589・04-2241-0178

寬象空間室內裝修有限公司
widedesign001@gmail.com
0912-531-788・02-2631-2267

摩登雅舍室內設計
vivian.intw@msa.hinet.net
02-2234-7886

頤樂空間設計有限公司
enjoylife27gs@gmail.com
07-364-3442

附錄

（依公司名稱筆畫順序排列）

專業諮詢

大山空間設計／設計師趙元鴻
tsdesign.chao@gmail.com
02-2965-7657．07-722-2159．06-268-8895

財團法人台達電子文教基金會／執行長 張楊乾
02-8797-2088

澄毓綠建築設計顧問／總經理 陳重仁
02-7711-8889

設計師資訊

45tilt Design Studio／肆伍形物所
info@45tilt.com
02- 2322-1878

FUGE GROUP 馥閣設計集團
hello@fuge-group.com
02-2325-5019

i²建築研究室
studio@1-archi.com
04-2652-8552

Simple design studio 極簡室內設計
service@simple-design-studio.com
03-550-6323

SophySouldesign 沐光植境設計事業
sophysoul@gmail.com
02-2707-9897

SYK 拾雅客空間設計
syk@syksd.com.tw
02-2927-2962

Wooyo 無有有限公司
info@woo-yo.com．hom@woo-yo.com
02-2756-6156．02-5579-5159

千屹室內裝修設計有限公司
imdtaipei@gmail.com
02-2703-2595

大晴國際室內裝修設計股份有限公司
info@cleardesigntw.com
02-8712-8911

日作空間設計
rezowork@gmail.com
02-2766-6101．03-284-1606

元典設計有限公司 The Origin Design
origindesign3808@gmail.com
0922-235-353．02-2523-7113

六相設計 Phase6 Design Studio
phase6-design@umail.hinet.net
02-2325-9095

本木源基空間設計
motokilogenki@gmail.com

禾光室內裝修設計有限公司
herguangdesign@gmail.com
02-2745-5186

圖解完全通 026

住進排毒健康的自然好宅：

做對格局、採光、通風、隔熱、調濕 5 件事，預防過敏 & 阻隔病毒過舒適生活
（原《不良宅改造術！住進自然健康屋》改版）

作　　者｜漂亮家居編輯部
責任編輯｜余佩樺
封面設計｜莊佳芳
美術設計｜詹淑娟
採訪編輯｜王玉瑤、劉禹伶、劉綵荷、蔡竺玲、楊宜倩、許嘉芬、陳顗如、程加敏、黃敬翔、余佩樺、Acme
編輯助理｜黃以琳
活動企劃｜嚴惠璘

發 行 人｜何飛鵬
總 經 理｜李淑霞
社　　長｜林孟葦
總 編 輯｜張麗寶
副 總 編｜楊宜倩
叢書主編｜許嘉芬

出　　版｜城邦文化事業股份有限公司麥浩斯出版
地　　址｜104 台北市中山區民生東路二段 141 號 8 樓
電　　話｜02-2500-7578
E-mail｜cs@myhomelife.com.tw
發　　行｜英屬蓋曼群島商家庭傳媒股份有限公司城邦分公司
地　　址｜104 台北市民生東路二段 141 號 2 樓
讀者服務專線｜0800-020-299
讀者服務傳真｜02-2517-0999
E-mail｜service@cite.com.tw
劃撥帳號｜1983-3516
劃撥戶名｜英屬蓋曼群島商家庭傳媒股份有限公司城邦分公司
香港發行｜城邦（香港）出版集團有限公司
地　　址｜香港灣仔駱克道 193 號東超商業中心 1 樓
電　　話｜852-2508-6231
傳　　真｜852-2578-9337
馬新發行｜城邦（馬新）出版集團 Cite (M) Sdn Bhd
地　　址｜41, Jalan Radin Anum, Bandar Baru Sri Petaling, 57000 Kuala Lumpur, Malaysia.
電　　話｜603-9056-3833
傳　　真｜603-9057-6622
總 經 銷｜聯合發行股份有限公司
電　　話｜02-2917-8022
傳　　真｜02-2915-6275
製版印刷｜凱林彩印股份有限公司
版　　次｜2021 年 9 月初版一刷
定　　價｜新台幣 450 元整

Printed in Taiwan

國家圖書館出版品預行編目 (CIP) 資料

住進排毒健康的自然好宅：做對格局、採光、通風、隔熱、調濕 5 件事，預防過敏 & 阻隔病毒過舒適生活 / 漂亮家居編輯部作 . -- 初版 . -- 臺北市：城邦文化事業股份有限公司麥浩斯出版：英屬蓋曼群島商家庭傳媒股份有限公司城邦分公司發行, 2021.09
　面；　公分 . --（圖解完全通；26）
ISBN 978-986-408-730-3(平裝)

1. 房屋建築 2. 綠建築 3. 室內設計

441.52　　110013411